U0670252

本书受到云南大学实施中西部高校提升综合实力工程项目
"马克思主义理论学科建设项目"经费出版资助

云南大学马克思主义理论学术丛书

唯物史观新视阈下中西价值观比较

卢双喜◎著

中国社会科学出版社

图书在版编目（CIP）数据

唯物史观新视阈下中西价值观比较／卢双喜著 . —北京：中国社会科学
出版社，2016.7

ISBN 978 - 7 - 5161 - 7647 - 4

Ⅰ. ①唯…　Ⅱ. ①卢…　Ⅲ. ①人生观—对比研究—中国、西方国家
Ⅳ. ①B821

中国版本图书馆 CIP 数据核字（2016）第 033914 号

出 版 人	赵剑英	
责任编辑	张	林
特约编辑	金	沛
责任校对	季	静
责任印制	戴	宽

出　　版	中国社会科学出版社
社　　址	北京鼓楼西大街甲 158 号
邮　　编	100720
网　　址	http://www.csspw.cn
发 行 部	010 - 84083685
门 市 部	010 - 84029450
经　　销	新华书店及其他书店

印刷装订	三河市君旺印务有限公司
版　　次	2016 年 7 月第 1 版
印　　次	2016 年 7 月第 1 次印刷

开　　本	710×1000　1/16
印　　张	13.25
插　　页	2
字　　数	231 千字
定　　价	52.00 元

凡购买中国社会科学出版社图书，如有质量问题请与本社营销中心联系调换
电话：010 - 84083683
版权所有　侵权必究

云南大学马克思主义理论
学术丛书编委会

顾　问：赵　金
主　任：何祖坤　杨　林　林文勋
副主任：张昌山　杨泽宇
成　员：彭　斌　邹文红　侯　勇　何　飞
　　　　何天华　孙绍武　吴　涧　马志宇
　　　　李晨阳　赵琦华　杨志玲　李　兵
　　　　李维昌　杨　毅

出版说明

　　云南大学马克思主义学院始建于 20 世纪 50 年代，始称"政治课教研室"，后改为马列主义教学研究部。1999 年 7 月，云南大学在原马列主义教学研究部和政治学与行政管理学系的基础上，组建公共管理学院，同时保留马列主义教学研究部。2003 年，恢复设置马列主义教学研究部，负责全校本科生、硕士研究生和博士研究生的思想政治理论课教学工作。2008 年 4 月，作为独立二级机构的马列主义教学研究部更名为马克思主义研究院。2013 年 10 月，为适应形势发展需要，马克思主义研究院更名为马克思主义学院，成为云南大学重点建设的学院。2015 年 3 月，中共云南省委宣传部与云南大学共建马克思主义学院。

　　学院具有完整的人才培养和学科体系。从 20 世纪 80 年代以来，学校依托政治学学科，招收过中共党史、中国革命史、思想政治教育方向的研究生。1998 年获马克思主义理论与思想政治教育硕士学位授权。2000 年获批马克思主义民族理论与政策硕士、博士学位授权；同年，"马克思主义理论与思想政治教育"获批为云南省"十五规划"重点建设学科。2006 年获批思想政治教育博士学位授权；同年，获批马克思主义理论一级学科硕士学位授权。2012 年获批马克思主义理论博士后科研流动站。目前，学院拥有 3 个二级学科博士学位授权、9 个二级学科硕士学位授权和 1 个博士后科研流动站。

　　随着中央马克思主义理论研究和建设工程的实施，马克思主义理论作为一个独立的一级学科得到了进一步的确立和发展。云南大学的马克思主义理论研究和建设工作也乘势而上，取得新的进展。为了贯彻中央关于要使高校成为马克思主义学习、研究、宣传、教育的重要阵地的精神，深入推进和实施我省的马克思主义理论研究和建设工程，云南省率

先在全国开展了部校共建马克思主义学院工作。共建学院将以争创全国
重点马克思主义学院为契机，着力打造有全国影响的马克思主义理论研
究和宣传教育平台，全面提升云南省马克思主义理论学科水平，造就一
支马克思主义理论人才队伍，更好地发挥马克思主义理论学科的社会服
务功能，努力把共建马克思主义学院建设成为边疆民族地区马克思主义
理论研究的高地、宣传教育的阵地和人才培训的基地。

　　部校共建马克思主义学院，是新形势下把党的思想理论建设和高校
马克思主义学院建设结合起来的一项新探索和新实践。为了不断推进共
建工作的开展，展示和扩大共建工作的成果，马克思主义学院遵循开放
合作、集成创新的理念和思路，围绕共建目标和云南大学建设"双一流"
大学的发展战略，结合云南大学马克思主义理论学科建设的实际和要求，
凝练学科方向，推动科学研究，提升科研水平，决定编辑出版一批"马
克思主义理论学术丛书"。编委会将按照"注重基础、着眼前沿、支撑显
著、成果精良"的标准和要求，做好丛书的编辑出版工作。

云南大学马克思主义理论学术丛书编委会
2016 年 4 月

目　　录

前　　言

　　唯物史观是由马克思和恩格斯两位马克思主义经典作家亲自合作创立的两大最经典理论发现之一,① 它在马克思主义理论体系中无疑占据至关重要的位置, 简言之, 马克思主义理论就是阐明共产主义取代资本主义的原因和途径的理论, 也可以理解为马克思主义理论为世人指明了资本主义的未来趋势和发展方向, 这也为世人指明了人类社会的未来趋势和发展方向, 而唯物史观揭示了人类社会发展的基本规律、形成本质和决定因素, 因此这一理论是整个马克思主义理论大厦的基础。完全可以说, 没有唯物史观就没有整个马克思主义理论。

　　唯物史观不仅仅在马克思主义理论中占有举足轻重的地位, 它的创立也是社会科学领域发展过程中的一个重要里程碑, 它在指导人们探索社会各个领域发展规律、深入研究社会科学知识的实践中必将起到越来越重要的作用, 也可以认为它是给了世人一个认识社会现象、剖析社会问题、发现解决对策最有用的工具。令人遗憾的是, 唯物史观的这一重大功能在我国却一直长期被人们所忽视。在我国, 唯物史观这一理论长期以来被赋予了很浓重的政治色彩, 多被用来解释为什么要进行阶级斗争和革命以及为什么要在各个领域开展改革的根本依据, 从而使得普通老百姓常常感觉唯物史观除了能够粗略地、定性地解答这些重大的、宏观的政治问题之外, 对自己在日常生产生活中遇到的各种微观的具体问题是无能为力的, 有一种 "大炮打蚊子" 的感觉, 并因此常常对唯物史观选择敬而远之的心态。所以我认为, 马克思主义哲学大众化的关键是

---

　　① 参见恩格斯《在马克思墓前的讲话》一文, 在该讲话中恩格斯把马克思一生的理论贡献集中地概括为两个: 一个是唯物史观; 另一个是剩余价值学说。

要实现唯物史观的几个重要转向：从精英化走向平民化，从政治化走向生活化，从形式化走向精髓化。

本书的根本任务是要集中解决一个问题，那就是唯物史观的解释力问题。作者试图用新的研究视角构建唯物史观的新的理论话语体系，并用它来解释现实的生产生活实践，相信每一个读完此书的人都会有一个最强烈的感受：真想不到，马克思的唯物史观居然有如此惊人的强大解释力！可以毫不夸张地说，不论是历史上曾经发生过的还是当前正在进行着的，不论是发生在国内的还是国外的，只要是跟人有关的各种社会现象和各类社会问题，都可以用唯物史观加以解读。不仅如此，我们还能从中找到影响这些问题发生的根本原因，并找出解决问题的根本途径。相信这将是对唯物史观的重要贡献和发展，必将对实现马克思主义大众化产生重大而深远的推进作用。

本书是以唯物史观为分析工具，通过对中西方价值观进行全方位的比较分析，让年轻人真正认识到，中国古代之所以形成了不同于西方的经济、政治、文化、教育等思想制度和价值观念，是因为我们的老祖先是在这片土地上而不是那片土地上生存和发展的，只要是在这片土地上，最终形成这种制度就有其必然性和合理性，这是不以任何人的意志为转移的客观必然。这片土地必然诞生这样的制度、思想和文化，那片土地必然诞生那样的制度、思想和文化，我们后人不能脱离具体的历史条件空洞而抽象地去评价某种制度思想文化落后还是先进。我们深信，读过这本书后，人们会更加深刻地了解我们的传统制度、思想和文化，更科学地评价中国和西方，更客观地评价我们的历史和现在。正如习近平总书记在 2013 年 8 月 19 日全国宣传思想工作会议上所指出的，在全面对外开放的条件下做宣传思想工作，一项重要任务是引导人们更加全面客观地认识当代中国、看待外部世界。宣传阐释中国特色，要讲清楚每个国家和民族的历史传统、文化积淀、基本国情的不同，其发展道路必然有着自己的特色；要讲清楚中华文化积淀着中华民族最深沉的精神追求，是中华民族生生不息、发展壮大的丰厚滋养；要讲清楚中华优秀传统文化是中华民族的突出优势，是我们最深厚的文化软实力；要讲清楚中国特色社会主义植根于中华文化沃土、反映中国人民意愿、适应中国和时代发展进步要求，有着深厚历史渊源和广泛现实基础。本书就是按照习总书记的要求努力去做的，我们相信我们是能够做到的。

本书主要内容是试图在完全遵从经典作家本意基础上，通过深入挖掘、创新、发展唯物史观中的原理，力图找到一种对广大人民群众而言最喜闻乐见而又最能贯彻经典作家本来意图的理论诠释，同时对长期附加在马克思主义原理上的种种似是而非的错误观念进行拨乱反正、正本清源。在此基础上，本书对老百姓最为关心的社会领域中的各种常见的社会现象、社会问题加以合情合理的解释。

本书重点是运用创新发展了的唯物史观理论对中西方在各个社会领域中的价值观加以对比分析，揭示其中的产生根源，使广大读者特别是广大青年学生正确理解中西方的种种差异的具体表现，深入理解中西方文化产生的自然环境、人文背景、社会根源以及各自的优缺点，正确对待老祖宗留给我们的文化遗产，杜绝各种历史虚无主义思潮的干扰，避免陷入类似"连月亮都是国外的圆"的种种厚西薄中的错误观念。

本书的创新之处主要体现在：

一是在理论创新发展方面。对唯物史观精髓的理解传统上一直局限在两对矛盾原理（即生产力与生产关系、经济基础与上层建筑两对矛盾原理）上，两对矛盾原理仅能解释诸如改革和革命这些宏大的政治议题，因此广大民众往往会感到唯物史观没有太大的用途。本书提出以生产方式作为唯物史观的核心词汇、以生产方式决定性原理作为唯物史观的核心理论，并对这一原理进行全新的诠释，对原来社会存在三要素之间关系从理论上给予更加合理的解读并进行了发展创新。更为重要的是，这些发展都是作者在充分吸收和严格遵照经典作家的本意基础上创新发展的，而绝不是推翻重建的臆造妄想。此外本书还对长期附加在唯物史观原理上的种种似是而非的错误观念进行拨乱反正、正本清源。

二是在理论应用方面。为了验证新理论的科学性、针对性和实效性，本书以中西价值观差异比较分析为案例，运用创新发展的唯物史观理论，深刻而到位地分析它们之间存在的差异以及产生差异的社会根源，使读者轻松而又深刻认识到中西价值观的差异是由各自不同的生产方式所决定的，评价其先进和落后、文明和愚昧一定要结合价值观赖以产生的天时、地利特别是社会生产的方式和水平，而不能陷入历史虚无主义的泥潭无法自拔。

第 一 章

唯物史观的理论部分

邓小平在南方谈话中说："其实马克思主义并不玄奥，马克思主义是很朴实的东西，很朴实的道理。"① 我体会这段话的意思是，马克思主义不玄奥很朴实的原因主要是两点：一是该理论解答的问题是绝大多数世人都关心的问题，也就是关于社会的前途命运和人类的最终归宿问题；二是马克思主义论证问题的逻辑思路不玄奥很朴实，这个思路大致是三步。第一步，通过研究人类社会的发展史找到社会发展和制度更替的奥秘和决定力量，这就是生产方式，并通过研究这一决定力量中的基本矛盾，从而发现社会发展和更替的规律；第二步，研究资本主义的生产方式以及蕴涵在其中的基本矛盾，并指出这一矛盾的未来趋势，从而找到资本主义灭亡的依据；第三步，按照规律勾勒出未来社会的蓝图。可见生产方式是马克思主义解答问题的关键和"题眼"，可是我国理论界长期忽视生产方式这个唯物史观中的核心词汇，舍本逐末地把生产力和生产关系提高到极端重要甚至无以复加的地位，其实生产力和生产关系仅仅是生产方式的两个属性而已，是依附于生产方式的。生产方式才是破解各种社会现象、社会问题、社会领域的"钥匙"和"法宝"，生产方式决定理论才是分析各类社会疑难的最有力武器和最实用的工具。

第一节　社会是个可怕的大迷宫

人类是如何产生的？人类社会是从哪里发展过来的？人类社会发展

---

① 《邓小平文选》第3卷，人民出版社1993年版，第382页。

是不是也像自然界那样有规律？等等。这些问题一直长期困扰着各个时代的学者。在对世界上各个领域的研究中，认识社会以及探索其发展规律是最难的了，也是最晚的。这是为什么呢？

我们无意轻视自然科学家的辛苦和贡献，但是对于社会规律的发现而言，自然规律的发现相对要容易。原因是什么呢？考察人们揭示和发现自然规律的历史，有一个最突出的特点和规律，也可以称之为发现规律的规律，人们对自然规律的关注和发现百分之九十以上的情况是源于某类现象的可重复性，某类现象经常重复发生并影响到人们的生产生活，于是人们就会对这一类现象产生特别的关注，琢磨这类现象产生的原因，只要以经常重复发生的现象为突破口进行深挖，找出产生这种现象背后的决定因素，这个深层的决定因素就是规律。比如春夏秋冬四季轮回现象，我们人类天天都要身处其中，并且这一现象对我们人类的生产生活影响太大了，尤其是在古代的农业社会，春播、夏长、秋收、冬藏，不按照这个规律从事生产就不会有好果子吃，所以这一现象年年如此重复，且对我们人类影响巨大，我们当然要对它给予特别关注和研究了，于是各个时代的科学家们日复一日、年复一年地考察、记录、思考，最后就能够探索到隐藏在这一自然现象背后的规律。类似的如白天与黑夜的更替现象，也对我们的生产生活影响巨大，日出而作、日落而息，这个现象人人都要遵从，而且每天都会重复一遍，自然人们不会不对这一现象给予特别重视。所以自然规律往往是从不断重复发生的自然现象入手，经过研究得到的。

可不要小看这个重复性的特点，搞研究的人往往特别强调所谓的问题意识，问题意识的产生主要是两个因素：第一是某个现象必须是个问题；第二才是人的敏感性。如果某个现象本身都不成其为问题，你研究者再敏感也不行，自然现象一经重复自然就是问题了，所以这个重复性使得研究者很容易找到需要研究的问题之所在。可不要轻视发现问题这个环节，这是每个科学研究者从事研究的首要环节，爱因斯坦说，发现问题比解决问题更重要。吉德林法则也说：认识到问题把难题清清楚楚地写出来，便已经解决了一半。这就是做一个自然科学家的便宜之处。而研究社会规律的人就没那么幸运了，社会现象之间有几分相似的情况是存在的，但是永远不会完全重复，某个历史事件如解放战争，不管历史发展到多少亿万年后，解放战争永远不会再重复发生了，因为问题很简单，事件的主要当事人均已作古，哪怕他们都活着也照样不会重复发生，不重复就很难发现问题，发现不了问题就感觉研究无从下手，这就是搞社会规律研究的最大障碍。

　　社会规律获取的难度与探索思维规律相比也是后者所无法比拟的。人的认识活动和意识产生也是公认比较难的一个领域，但是随着近代心理学和医学的发展，利用一些先进仪器也不难研究与认识、意识有关的一些问题和规律，更为重要的是人的认识规律也有重复性，也就是说，世上虽然有几十亿人，但是他们各自之间的认识活动发生机理和规律并没有本质的差别，意思是你只要对其中随意一个人进行研究，研究透了该人的认识活动和意识产生规律，世界上其他人也大致跟他一样，你不用把每个人都研究一遍。但是研究社会规律呢，你研究透了中国的社会发展规律，完全不意味着你对世界上一切国家都研究透了，这是很显然的问题，每个国家发展道路和发展规律都很不相同。另外一个原因是，一个社会由很多人组成，比如我们国家有13亿多人口，每个人的思想都不一样，13亿多人就有13亿多个思想，而且这些人的思想所起的作用大小又由于他们所处社会地位的差异而对社会的影响力大小也不同，但你不能说他们之中的哪个人完全不起作用，所以他们的思想各不相同，又都在起作用，但作用大小又不同，而且更难的是，他们的想法可能随时在改变着。你想，研究透一个人的思想都那么难，要搞清楚这由13亿多个思想的人混杂在一起后，这个社会的最终发展方向，该是多难啊！尽管我们现在有速度飞快的超级计算机，恐怕也是对此一筹莫展吧。所以费尔巴哈把历史看作"一个不愉快的可怕的领域"。① 更多的人则把历史比喻成一个永远解不开的迷宫。

　　解不开也得解，为什么？因为你既然或者自封，或者被封为一个哲学家，哲学是研究整个世界的，如果你连自己生活在其中的社会领域同时也是世界上最重要的领域都没弄明白或者都不敢染指，那么，你这个哲学家是不是会被人瞧不起？那是肯定的了。所以历来的哲学家都是"明知山有虎，偏向虎山行"的，明知不可为而为之，明知自己没有说清

_____

① 《马克思恩格斯选集》第4卷，人民出版社1995年版，第237页。

历史的本事，但为了对得起那个哲学家的称号，也只好拼上老命去探索，他们可谓是死要面子活受罪了。正面说是没办法说清了，那就歪着说，所以我认为所有这些唯心史观学说都是在正面解释没有那个能力，但又不得不硬着头皮去解释的情况下，最后他们就只好另外寻找捷径去"歪批"历史了。这个说法是我的发明，到底能不能站住脚，我们举例说明。

大家知道，唯心史观有两个大流派：唯意志论和宿命论。怎么会产生这两种流派呢？如上所述，这些学者是没办法正面说清，但又不得不说，就只好"胡说"了。有些学者就说了，咱不是研究历史吗？那好，我们就翻一翻历史书吧，随便一翻历史书，不管翻到哪一页，绝对记述的都是某个大人物某年月日做了某件大事，对历史产生了什么重大而深远的影响，绝对没有一本历史书上是这样写的：历史上的某年月日，张三一家早早地吃完早饭，就带着他的老婆和他们老两口所生的"七狼八虎"到了自家五亩薄田里，挥汗如雨，辛苦劳作，午饭也顾不得吃，直到晚上七点多才回家。绝对不会有这样的历史书！所以，假如我们把秦始皇、汉武帝、陈胜、吴广、刘邦、刘秀这些大人物和他们的事迹统统删去，可想而知这本历史书会是什么样子？那也就什么都没有了。所以历史都是讲述大人物和他们的丰功伟绩的，没有大人物哪里还会有什么历史。打开电视只要是历史剧，不是戏说乾隆就是戏说慈禧，要不就是革命领袖题材，无一例外都是大人物，这也强化了我们现代年轻人的这种思想。胡适就说：一部历史就是一部大人物的历史，无大人物就没有历史。年轻人一听，胡先生说得太对了，我太崇拜他了！其实你按照我说的思路仔细想一想，胡适的这个观点其实蛮肤浅的，完全是就事论事，完全是对历史表面现象的一个简单总结，让我评价，我认为这是对历史不消花费任何气力的最省事的解读方式了，我们把任何一个中学毕业的普通人关在一个小房间，只交给他一本中学历史课本，告诉他，你好好琢磨一下这本历史书，什么时候琢磨出来历史是由谁决定的，什么时候放你出来，否则就关你一辈子黑屋。估计用不了一天的工夫，就能憋出与胡先生同等水平的看法。

宿命论是在唯意志论的基础上稍微更深入一点的解读，只不过往前推的这一步不是很靠谱。唯意志论说历史都是大人物按照自己的意愿书写的，那么大人物都是怎么来的呢？难道他们天生注定都是大人物吗？

这是比上面那个问题更难上十倍、百倍的问题了。每年每月每天每时全国出生那么多的婴儿，为什么最终就有一个成了大人物，别的都没有？这个问题太难解答了，有人用风水解释，有人用基因解释，还有人用其他因素解释，都难以服众。怎么办？好办。因为聪明的学者们发现一个诀窍：对于那些怎么都解释不清的难题，最好的办法就是推给神。只要说这是神安排的，那就万事大吉了。如果有哪个不识抬举的人敢于大胆继续追问，那就是违背神的安排，就要受到神的严惩。你说谁还敢不服？所以他们就把大人物的诞生归结于或者是某个更早的大人物转生的，或者是秉承神的意志降临人间的，总之他们都是异于我们常人的。于是又有给这些人捧臭脚者，在这个思路指导下开始胡编乱造了，有人说这个名人的产生可不得了，是他妈偶做一梦，梦见巨龙缠身，第二天就发现自己怀孕了。也有的说某人生来不是凡品，人家出生的时候浑身长满鳞片，那就是真龙天子的命，其实是胎里带的牛皮癣。这种故事我们中国人最会编排了，这是我们国家某些民间文学家的拿手好戏，是中华民族的"优良传统"。你可能会被这些人蒙得一愣一愣的，但是你想想，他不这样编排行吗？如果他说，咳，我和某某名人是一个村子的，他妈生他时我亲自在现场帮着接生，跟我们普通人完全没有两样。如果这样，怎么说明这个人不同常人呢？有时我们也要注意这一点，就是这个名人本人更愿意别人把他的身世说得不平凡，他们起到了乐于消受甚至推波助澜的作用。比如刘备是个编草鞋的出身，却非要说自己是中山靖王之后，汉景帝玄孙。皇帝也是人种，却非要自己吹嘘自己是"真龙天子"，这群可怜的人儿不知道有没有认真想过，他们一辈子连自己的亲爹长什么样儿也没见过，就不怕别人说他们是"野杂种"。但是没办法，咱中国的老百姓就吃这套，不这样说还真不行，镇不住世人。

　　我认为历代的哲学家都是他们那个时代最聪明、最有学问的人，但是即便是这样一代又一代的聪明人，都没法解开历史之谜，他们都被逼得说胡话。这只能说，解读人类社会真的真的很难很难，不是一般的难，所以马克思之前的所有哲学家几乎都是唯心史观，哪怕是那些在阐述自然界时曾经以何等彻底的大无畏的唯物主义勇气令无数人为之慑服的哲学家，但是，一旦他们的眼光转向社会领域时，都无一例外地滑向了唯心史观的深渊，所以社会历史领域被恩格斯形象地比喻为唯心主义的

"最后的避难所"。①

第二节　唯物史观的理论地位

提起马克思主义哲学，大家马上就想到四个组成部分：唯物论、辩证法、认识论、唯物史观。而且普遍认为前三部分是最重要的，最后一部分是次要的。因为至少有三点证据可以支持我的这个判断。第一，从教师们在讲课时所分配的课时上看，唯物史观的课时一般少于前三部分任一部分的课时量，如果讲授整个马克思主义哲学的课时总量为1，唯物史观一般仅占全部课时的不到四分之一；第二，从学生所参加的各类考试命题所占分数比重上看，如果整个马克思主义哲学总分为1，唯物史观的分值比重最多也仅占四分之一。至少在很多师生眼里，这一部分的重要性并不比其他三部分内容需要给予更多的关注；第三，在我们平时的宣传中，一提到马克思主义哲学，第一反应是给我们提供了迄今为止唯一科学的世界观和方法论，这里所说的"唯一科学的世界观和方法论"显然主要是指辩证唯物主义这一部分内容而非历史唯物主义。

这其实是有问题的，至少与唯物史观在马克思主义哲学中的应有地位不相匹配。因为我们前面已经谈到，马克思主义哲学中的前三部分理论其实是后人发展的，主要是列宁和毛泽东的贡献。虽然我们谁也不敢说列宁、毛泽东对马克思主义哲学的发展不能算是马克思主义哲学的内容，但是，毕竟马克思在世时没有创立这些理论也是事实。但是这并不意味着因为马克思没有创立前三部分哲学理论，他的伟大就会受到质疑，他的光辉形象就会大打折扣，根本不是，我的观点恰恰与之相反，马克思没有创立前三部分理论是因为马克思是聪明人，他不会做与他的中心工作没有太大关联的事情。这首先就涉及如何认识马克思主义理论的问题了。那么马克思主义理论是一个研究什么的理论呢？理论创立者创建该理论的目的是什么呢？正如本书前言中所提出的，马克思主义理论就是阐明共产主义或社会主义取代资本主义的原因和途径的理论，也可以理解为马克思主义理论为世人指明了人类自身的未来趋势和发展方向，

---

① 《马克思恩格斯选集》第3卷，人民出版社1995年版，第365页。

因此从本质上讲马克思主义是一个关于人类社会未来将会怎样发展的理论。

邓小平同志曾说过一个重要观点，马克思主义并不玄奥，是很朴实的道理。为什么马克思主义很朴实呢？我认为主要有两个原因：第一，马克思主义这一理论所要集中解答的问题不玄奥很朴实；第二，他解答这一问题所用的逻辑思路不玄奥很朴实。对于第一个原因的理解是，马克思主义要回答的是每一个世人都关心的关于自身未来命运和前途的问题，从 16 世纪第一批的空想社会主义者出现算起直到今天已经四百多年了，四百多年间几乎每个世人都曾有意无意地想到和提起过这个问题，你能说这个问题很玄奥不朴实吗？对于第二个原因的理解是，任何一个人，你如果想要认真负责地研究并解答，而不是毫无根据地凭直觉猜测一个社会的未来走向，只能采取三个研究步骤：第一步，利用归纳法通过考察人类社会过去的更替历史找到决定人类社会制度更替的矛盾、规律和决定因素。第二步，利用第一步中的结论使用演绎法具体分析当前这个特定社会的矛盾和决定因素，并分析这一矛盾的性质是对抗性还是非对抗性，矛盾的未来走向是更剧烈还是更缓和。如果矛盾是对抗性的且变得越来越尖锐，该制度必将难逃灭亡的命运。第三步，就是指明当前制度灭亡后，未来将有一个什么样的制度来取而代之。这个分析思路是人人都能想得到的，是很明晰很朴素的，并非什么玄之又玄、令人不知所云的"鬼逻辑"。所以马克思完全没必要先创立一个关于世界观的理论，再去用世界观作指导研究人类社会。更何况哲学和世界观的问题不像具体科学问题，世界观的问题本身也无法实证，因而也没有一个唯一的标准答案，无法让所有世人都对你的世界观心服口服、唯命是从，就像至今世界上仍有庞大数量的信仰宗教的信众无法赞同马克思主义无神论一样。所以，马克思要想创立人类社会发展理论，他只需要先考察人类社会发展的一般规律，然后根据这个一般规律指导他去分析资本主义的基本矛盾及其性质趋势，最后得出资本主义必然被社会主义取代这样的结论就 OK 了，他根本不需要先去讨论世界是如何如何的。

事实也是如此，没有证据表明马克思曾经专门花几年时间对世界的本质和存在状态作过研究，综合张一兵、赵常林、李春生等人的研究，可以把马克思的哲学思想发展历程分作以下几个阶段：1837 年在柏林大学读书期间开始对哲学产生兴趣，直到 1843 年夏《黑格尔法哲学批判》发表，他一直信奉的是黑格尔的唯心主义哲学。自 1843 年开始转向费尔巴哈人本唯物主义哲学，到了 1845 年春以《关于费尔巴哈的提纲》为标志，他彻底摈弃了费尔巴哈的唯物主义转而开始创立自己的哲学理论，直到 1847 年《致安年柯夫的信》是他创立历史唯物主义一般理论的阶段。从 1847 年《哲学的贫困》到 1858 年《1857—1858 年经济学—哲学手稿》基本完成狭义的历史唯物主义的创建工作，但这绝不是对广义历史唯物主义的背叛，而是在该道路上的进一步深化，是用广义的历史唯物主义分析前资本主义和资本主义这些具体的社会形态。① 总的来看，在 1845 年之前马克思都还处于不断改造自己的哲学思想阶段，还没有形成自己的哲学思想。从 1845 年开始到 1858 年是他创立自己的哲学思想时期，这个哲学思想的中心内容和主线是什么？是辩证唯物主义吗？绝对不是，而是历史唯物主义。在他形成自己哲学思想的这个黄金时期，你甚至都找不到一篇专门论述辩证唯物主义的论著！

　　我想如果到这时还有人怀疑历史唯物主义是马克思主义哲学的核心理论和最有价值的部分，那我再拿出一把最致命的"杀手锏"。如果说我们这些后人们解读马克思主义著作，你会怀疑我们会不会有所取舍有失客观的话，那么恩格斯本人亲口说的话您信不信呢？您应该知道恩格斯可是和马克思并肩创立理论的人，而且恩格斯这段话还不是在寻常场合说的，而是在一个非常非常严肃和正式的场合说的，那是什么场合呢？是在马克思去世安葬仪式上讲的，就像我们中国人所谓的"盖棺定论"的意思，那个话可是最最正式和慎重的了，恩格斯是怎么说的呢？他说："正像达尔文发现有机界的发展规律一样，马克思发现了人类历史的发展规律，……不仅如此。马克思还发现了现代资本主义生产方式和它所产生的资产阶级社会的特殊的运动规律。由于剩余价值的发现，这里就豁然开朗了，……一生中能有这样两个发现，该是很够了，即使只要能作

---

　　① 参见张一兵《马克思哲学思想发展中的三大理论制高点》，《哲学动态》1997 年第 6 期；李春生《马克思哲学思想发展与共产主义观的变革》，《天府新论》2005 年第 1 期。

出一个这样的发现，也已经是幸福的了。"① 这段话概括起来就是说：马克思一生著作等身，归纳起来主要就是有两个最伟大的发现：一个是历史唯物主义，也就是马克思主义哲学；另一个是剩余价值理论，也就是马克思主义政治经济学，一个人能发现两大理论中的其中一个就很了不起了。恩格斯对马克思盖棺定论性质的这段话再清楚不过地说明，唯物史观堪称是马克思主义哲学的代名词。

我们都知道，唯物史观产生的初衷是马克思、恩格斯为了创立他们的马克思主义理论而首先创立的一个理论基础，那么很多人接下来会有这样的一个疑问：唯物史观只是马克思主义理论的一部分，它是不是只有放在马克思主义这个平台上才好使，一旦离开这个语境，就没有多大用处呢？我们认为这完全是个天大的误解。

不可否认，当初的唯物史观确实就是整个马克思主义理论的理论基础和指南，是为要得出资本主义必然灭亡、社会主义必然胜利的结论服务的。因此可以说当时马克思、恩格斯创立唯物史观带有很强烈的目的性和政治意义，是有着当时很特殊的背景。带有强烈的政治意义是当时特殊背景下的特殊需要，那么去掉当时的理论创立背景，把这个理论拿到现在，我们普通人应该如何看待唯物史观呢？这一理论对我们普通人又有什么现实指导意义呢？我认为繁华落尽后，我们应该回归它的本真面目和本来意义，它是什么？答曰：它是一种方法，是一种指导人们认识人类社会的方法，也是一个指导人们研究各种社会现象和社会问题的思路。在唯物史观的返璞归真工作上，西方学者比我们先行一步，在我们还在天天琢磨资本主义的生产力和生产关系是否已经到了不相容的地步，以及津津乐道于帝国主义的腐朽性和垂死性时，他们已经用唯物史观指导自己的历史学研究了。当代国际史坛享有声望的英国著名史学家杰弗里·巴勒克拉夫在1976年受联合国教科文组织委托，在一批国际著名史学家共同协助下写了一本书《当代史学主要趋势》，在该书中他说："今天仍保留着生命力和内在潜力的唯一的历史哲学，当然是马克思主义。……虽然非马克思主义者和反马克思主义者不愿意承认这一事实，但是，要否认马克思主义是有关人类社会进化的能够自圆其说的唯一理

① 《马克思恩格斯选集》第3卷，人民出版社1995年版，第776页。

论，是很难办到的。"① 因此我们现在很有必要去掉唯物史观强烈的政治色彩，对它进行重新定位和重新界定，我认为在当前，唯物史观的最大价值就是给我们提供了一套能够帮助我们认识人类社会各种现象和社会问题的最有用的方法。

即使在现实生活中，唯物史观对我们每个人正确认识人类社会也都很有用，尤其是为搞人文社会科学各学科研究的人全面而准确地认识社会提供了一种非常有用的思维方法。对我们大学生而言，我认为这个方法每个大学生应该做到人人必会，文科大学生还要达到娴熟运用的地步。因为每个大学生不管学什么专业，将来都一定要投身社会，一定会遇到各种各样的社会现象和社会问题，这些问题或者是困惑你的与自己切身相关的问题，或者是一些邪恶的东西披上了各种面纱来诱惑你，需要你认清它的真相，所以掌握了唯物史观不容易被诱惑，也不容易上当受骗，让你做一个有品味、有思想、有见地的人，而不是做一个动辄就骂这个脑残、那个弱智的有知识没文化的大学生。对人文学科的学生而言更是重要，这对于他们将来搞科研、申报课题、撰写论文等都很有帮助，完全可以使我们受益终生。如果你真的把唯物史观学到家，你说出来的话和写出来的文章，别人一听一看就感到很有见地、很有深度，比一般人有见识、有水平，令人敬服。不像有些文章，东抄西抄、七拼八凑，还自我标榜是什么什么创新，其实这些观点别人早就说过了，现在你再拿过来炒冷饭，岂不是糟蹋纸张。

第三节   唯物史观传统解读中的障碍和困惑

很长时间以来，马克思主义哲学原理都是广大青年、大中学生和公职人员的必修科目。唯物史观这个词对社会上很多人而言并不陌生，唯物史观基本逻辑的经典讲授模式一般是这样的：

第一个层面，先介绍社会历史观的基本问题即社会存在和社会意识的关系问题，讲明对这一问题的不同回答是划分唯物史观和唯心史观的

---

① 〔英〕杰弗里·巴勒克拉夫：《当代史学主要趋势》，杨豫译，上海译文出版社 1987 年版，第 261—262 页。

根本标准。接下来分别介绍社会存在和社会意识的定义、构成要素、分类，当然这个问题的重点是放在社会存在。社会存在有三个构成要素：地理环境、人口因素和物质资料的生产方式。接下来逐一介绍三个要素及其对社会发展的重要地位，并且明确地说，地理环境和人口因素对一个社会的存在和发展至关重要，虽然如此，但它们却都不是一个社会发展的决定性因素。如果误认为它们是社会的决定因素，那就犯了自然主义决定论的错误，也就是试图把人口、地理这些自然因素当作解释社会活动、社会现象、社会问题的唯一和直接决定因素，例如孟德斯鸠、马尔萨斯等就是这一类错误的代表。接下来说人类社会的唯一决定因素既不是人口因素也不是地理环境，而是一个社会的物质资料生产方式，并指出其中的三点原因。

第二个层面介绍两对矛盾的原理和规律。这一部分向来被认为是整个唯物史观中的核心理论。这层内容其实可以看作第一层面内容的自然推演，上面已经得到了生产方式是人类社会决定因素这个结论，而在经典模式中生产方式被解读为生产力和生产关系的统一体，而在这个统一体中，生产力是内容，生产关系是形式，根据内容和形式的关系原理，内容决定形式，形式对内容有反作用，这样就顺理成章地得到了生产力决定生产关系，生产关系反作用于生产力这一众所周知的结论。经济基础和上层建筑的关系可以比照生产力和生产关系的关系作类似的推演。

以上两个层面是人类社会的一般发展规律部分，也是我们下面想着重探讨的内容。

第三个层面一般是介绍社会发展的动力体系。

第四个层面一般介绍群众史观，也就是介绍创造历史的主体问题。这两部分并无太大争议，在此不作详述。

这种解读模式是对唯物史观的经典解读范式，最大特点是把两对矛盾即生产力和生产关系的矛盾、经济基础和上层建筑的矛盾原理（俗称两对矛盾原理）当成唯物史观的最核心最精髓的内容。几十年来大家都习以为常，从来也不认为有什么不妥。但笔者作为一名高校思想政治理论课的教师，在十余年的授课实践中，无论是在与学生的私下探讨中，还是在自身的教学感受中，都感到这种经典解读范式还是存在一些不足和缺憾的，主要表现在以下几点：

1. 该理论解释逻辑不够严谨，其中包含有不少破绽和缺陷。

第一点，社会存在包括三个要素：地理环境、人口因素和生产方式，这个没有异议，按照社会存在决定社会意识的基本原则，社会存在既然包括三个要素，那很自然的就应该是三个要素共同决定社会意识，但是为什么说其中的两个要素都不是决定因素，谁要认为是那就犯了自然主义决定论的错误。请问它们为什么被无缘无故地取消了决定因素的资格？又为什么武断地认为三个中只有其中一个是决定力量呢？如果那两个因素不是决定因素，那么它们在其中处于什么地位，起到什么作用呢？如果说它们不是决定因素岂不是和社会存在决定社会意识这个大前提自相矛盾了吗？如果仅仅只有一个决定因素成立的话，那么这一个决定因素和那两个非决定因素之间关系又如何处置呢？但可惜的是，传统理论对这一系列问题却没有给出任何解释。

第二点，我们暂且承认生产方式是社会发展的决定力量，生产方式就一定而且必须被解释成生产力和生产关系的统一吗？长期以来，我们的马克思主义哲学理论界把生产方式解读成生产力和生产关系的统一，这似乎成为一个无可置疑的真理了。但是平心而论，这个解释是值得商榷的。顾名思义，所谓生产方式的本意应该是社会生产所实际采取的具体方式，比如牛拉犁、手推磨、机器大工业等，而生产力只是这些具体生产方式的生产能力和效率，生产关系只是这些具体生产方式中人与人的关系。固然我们承认这两个方面是考察任何一种具体生产方式的最重要的两个属性，但它们也仅仅是生产方式中的两个重要的考察维度而已，为什么只要一看见生产方式就必须且只能把它解释成生产力和生产关系的统一呢？难道生产方式中只有这两个方面吗？显然不是，因为无论哪一种具体的生产方式，其内涵都是非常丰富的，除了人与人的关系，难道没有人与物的关系吗？难道没有生产与环境的关系吗？我们不妨拿一张桌子作类比，我们承认桌子的功能是盛装东西，桌子的容积是最重要的衡量角度，就像生产方式是用来创造产品的，生产力是其最重要的衡量角度一样。生产关系就类似于围绕桌子的各方，如所有者、租赁者、承包者、使用者等人与人的关系，我们固然承认桌子的物权和容积是它的两个最重要的衡量角度，难道我们就可以不容置疑地说，桌子无论何时何地就只能等同于物权和容积的统一体吗？或者倒过来说，该桌子物权和容积的统一体就是这张桌子吗？照这样说，桌子的重量、体积、材质等其他属性都可以一笔抹掉视而不见吗？理论不彻底就难以令人信服，就使得人们在运用这一理论分析问题时显得底气不足。

2. 感到两对矛盾的理论只做到了定性分析而缺乏定量研究，因而现实操作性不强，在指导分析现实问题时常常出现模棱两可、莫衷一是甚至天差地别的结果。

就以生产力和生产关系的辩证关系原理为例，原理的大意是，起初在较低的生产力情况下，建立起一套与当时较低的生产力完全适合的生产关系体系，因为生产力是最活跃的因素，随着时间的推移生产力不断提高，这时不断提高的生产力就与原来的生产关系发生矛盾，在矛盾对立的尖锐程度不足够大时，不需要彻底推翻原有的生产关系体系，而只需要改革生产关系中不相适应的环节就可以了，如果通过小修小改还是不能从根本上解决问题，矛盾就会逐渐积累，一旦积累到足够尖锐，那就只能通过革命来彻底推翻原来的生产关系体系而另外再组建一套全新的生产关系体系了。原理是不错，可是一旦到了实际操作阶段，一系列问题就接踵而至。比如我们说某种生产力低，依据是什么？怎么叫作低？怎么叫作高？生产力的高低有没有一个统一的衡量标准？较低的生产力要和较低的生产关系相配合，生产关系的高低又是用什么指标来衡量的？能不能像西方经济学中的基尼系数那样，在 0—0.2 之间收入绝对平均，在 0.2—0.3 之间收入比较平均，0.3—0.4 之间收入相对合理，0.4—0.5 是收入差距较大，0.5 以上收入差距悬殊。我们能不能也搞出个生产力、生产关系在什么范围内是极低、较低、中等、较高、极高这种分类，并设计出什么范围的生产力要与什么范围的生产关系相配合才能叫做基本适合，超出这个范围多少叫作基本不适合或者完全不适合，显然是没有。这就容易造成认识上的混乱，当社会处在某一个生产力时，有些人可能认为已经很高了，有些人可能认为还很低，到底该听谁的？别说是普通人之间会产生这样的分歧，即使是我们的领袖人物在遇到类似情况时也可能会产生很大分歧。比如新中国成立后不久，当时的国家领导人就认为，我们的生产力水平已经很高了，已经达到了向共产主义过渡的条件了，于是提出"共产主义是天堂、人民公社是桥梁"之类的说法。又经过二十年的发展之后，邓小平同志对当时我国生产力水平的判定却是我们的生产力还处于社会主义初级阶段的水平，甚至还没有达到进入社会主义的门槛要求，这两个判断真可谓天壤之别呀！如果连对某个具体生产力是高是低的认识上都存在这样大的差距，那么，怎样指望这个理论对我们的社会实践具有多大的指导价值呢？

再进一步讲，生产力经过一段时间发展之后，原来的生产关系就不能适应生产力发展的需要，这时就要改革了，如果矛盾继续尖锐，就需要发动革命来解决。问题在于，我们怎样判断生产力和生产关系的这种不适应是不是已经达到了应该采取改革或革命的方式加以解决的程度了？不适应达到多高的程度时就该采取改革，不适应达到多高的程度就该采取革命的方式来解决呢？这些都是未知数。而这些又都是很严肃的事情，达不到改革和革命的程度却急于改革和革命，已经达到了改革和革命的程度却迟迟不改革和革命，其造成的后果都是极其严重的。

3. 感到该理论的政治色彩太浓，高高在上脱离了普通人的现实生活。

从对两对矛盾原理的分析可以看出，这两个原理主要是可以用来解释为什么要进行阶级斗争和革命，为什么要进行经济、政治、文化等各领域的改革，除此之外还能解释什么问题呢？似乎也很难再有针对性地解释别的社会问题了。而这些问题都是宏观的政治话题，是政治家们关注的问题。中国共产党自成立以来就担当起了阶级斗争和革命的使命，马克思的两对矛盾原理正好可以为其斗争实践提供最恰当、最合理的理论解释，打下江山之后我们又进行社会主义改造、建设和改革实践，两对矛盾理论又可以为此提供强有力的理论支持，所以，这也很容易解释为什么我们党始终把两对矛盾的原理理解成唯物史观的核心和精髓，因为这是党在各个历史时期的理论和实践发展的需要。但对于普通老百姓来说，他们更多关注的是日常的生产和生活，更渴望能用唯物史观来帮助他们分析和解读日常生活中最关心的各类社会现象和社会问题，渴望能够从中找到合理解释乃至解决对策。两对矛盾的理论显然远远不能满足他们的这种需求。

4. 有关唯物史观的各种似是而非的伪命题的干扰也不同程度地损害了唯物史观的形象。

因为马克思主义是党和国家的指导思想，各类人群在对唯物史观的长期理解和认识中会产生一些不同解读，其中不少观点是似是而非的伪命题，但却很有迷惑性，不少人把这些伪命题错误地认为它们就是马克思主义的本意。比如关于对唯物史观的理解有几种常见的解读：一是唯物史观就是社会存在决定社会意识；二是唯物史观就是生产力决定生产关系；三是唯物史观就是经济决定政治和文化，这些观点不能说是错误，但各自有其局限性。第一种理解太宏大，社会存在是一个过分庞大的概念，让人无从下手，所以理论固然正确但用处不大。第二种理解好像更应该是党中央高层领导考虑的内容，比如，为什么我国要发展民营经济，中央说因为我们目前生产力是多层次的，所以应该发展多种所有制经济，普通大众会感到这不是我一个平头老百姓要考虑的问题呀。第三种理解本身也有问题，如果说经济决定政治，那么什么决定经济呀？说明这个理论也不彻底，它只是在唯物史观的整个理论推演链条中，掐头去尾、断章取义地选取其中一小段理论，却误以为就是唯物史观的全部内容。

第四节　唯物史观的精髓新解

唯物史观是个什么理论？它主要是用来干什么的？这似乎是一个不成问题的问题，因为唯物史观是什么，以及有何用？在马克思主义经典作家那里已经得到了比较充分的体现。它的主要内容是找到了生产方式是人类社会发展的决定性因素，揭示了生产力和生产关系、经济基础和上层建筑这两对矛盾是一切社会的基本矛盾，其中生产力和生产关系这一矛盾又是根本矛盾，两对矛盾特别是根本矛盾的对立统一决定了人类社会从低级向高级的发展进步。马克思就是用这个理论作指导去分析资本主义的基本矛盾及其性质，然后得出资本主义必然灭亡的总趋势。这个说法没有错。

正如我们前面所分析的，由于政治的需要，我们党和意识形态部门长期以来把两对矛盾的规律当作唯物史观的精髓和核心，甚至认为唯物史观就仅仅等同于两对矛盾，忽视其他原理的存在和意义。其实马克思主义唯物史观的内容是很丰富的，至少以下方面的内容都是不可忽视的：如社会存在与社会意识的关系、社会发展是自然历史过程、社会有机体理论、人类和人类社会的产生、生产方式是社会发展决定力量、生产力和生产关系的矛盾、经济基础和上层建筑的矛盾、社会形态的统一性和多样性理论、阶级观点和阶级分析方法、国家和革命理论、社会意识的相对独立性、科技的作用、群众史观、如何评价历史人物、社会动力理论、人类解放理论等，这些都是唯物史观不可或缺的内容，都有待于进一步深入挖掘这些理论的意义。

目前在唯物史观研究中存在的最尴尬的局面是，我们如果把两对矛盾当作唯物史观的唯一核心而忽视了对其他原理指导意义的研究，就出现以下问题：一是该理论产生的逻辑推演本身存在一些不彻底的环节；二是该理论定性不定量，实际操作性不强；三是该理论解释能力受到局限，主要仅能够解释改革和革命等宏观政治问题，而对于人民大众所普遍关心的现实问题缺乏针对性和吸引力。笔者经过长期研究和思考认为，在整个唯物史观中，最核心和最精髓的部分应该是生产方式是社会发展的决定力量原理而不是两对矛盾原理，也可把唯物史观简称为人类社会的生产方式决定论。但是目前在唯物史观研究中存在的最遗憾的局面是：不少研究者对生产方式是社会发展的决定性因素这一原理越来越不屑一顾了，在笔者手头摆放的几个版本的《马克思主义哲学原理》教材中，马克思主义哲学研究前辈陈先达先生主编的《马克思主义哲学原理》教材中已经把这个原理彻底删掉了，人大版的《辩证唯物主义和历史唯物主义原理》（第四版）中也找不到这个原理的踪影了。①

为什么笔者提出整个唯物史观体系最核心和最精髓的部分是生产方式是社会发展的决定力量原理呢？原因有以下四点：第一，最根本的是，这一理论是唯物史观基本原则的直接推演。唯物史观的基本理论原则是社会存在决定社会意识，这没有任何疑问，这一理论原则由于太抽象、太宏大、太缺乏实用性，所以要对其进一步具体化。又因为生产方式是社会存在中最核心的要素，所以很自然地就可以直接推演出人类社会发展是由生产方式所决定这一结论。也就是说人类社会的生产方式决定论是从社会历史观的基本问题这个最根本的理论仅仅向前直接推演一步而得到的，而不是经过七转八拐之后勉强推理出来的，因而具有很强的权

---

① 陈先达主编：《马克思主义哲学原理》，中国人民大学出版社 2003 年版；李秀林、王于、李淮春主编：《辩证唯物主义和历史唯物主义原理》，中国人民大学出版社 1995 年版。

威性和可信性。第二，最值得注意的是，我们提出该原理是唯物史观的核心和精髓，并没有否认两对矛盾原理的合理性和理论价值，实际上，该原理已经把两对矛盾囊括进来了，也可以说两对矛盾的内容正是该原理的题中应有之义。因为生产方式是社会发展的决定力量，当然它就决定了社会的其他领域，如政治、文化等。生产方式又是在生产劳动基础上的生产力和生产关系的有机统一，其中生产力是内容，生产关系是形式，内容决定形式，生产力决定生产关系并进而决定政治、文化等上层建筑。第三，最欣慰的是，这一原理所体现的精神实质与马恩原创思想中的精神实质是完全吻合的。恩格斯曾经说过："根据唯物史观，历史过程中的决定性因素归根结底是现实生活的生产和再生产。无论马克思或我都从来没有肯定过比这更多的东西。如果有人在这里加以歪曲，说经济因素是唯一决定性的因素，那么他就是把这个命题变成毫无内容的、抽象的、荒诞无稽的空话。"① 马克思主义经典作家的确是把生产方式放在了人类社会制度的唯一决定性因素的高度来看待的，比如马克思有一段很有名的话："手推磨产生的是封建主为首的社会，蒸汽磨产生的是工业资本家为首的社会。"② 这说明在马克思眼里，某种特定的生产方式在一定意义上甚至就可以决定某种特定的社会制度。此外，还有一个最有力的证据，马克思在他最重要的著作《资本论》第 1 卷序言中也明确提到这样一句话："我要在本书研究的，是资本主义生产方式以及和它相适应的生产关系和交换关系。"③ 要知道，《资本论》第 1 卷是马克思在他精力最旺盛的时期出版的最重要的著作，也是最能体现马克思的本来意图的。对这段话历来争议颇大，问题在于，只要把生产方式解释成生产力和生产关系总和，这句话就一定说不通。笔者的理解是，马克思这句话没有任何问题，因为生产方式一词本来就是唯物史观中的唯一核心词汇，也是人类社会的唯一决定因素，马克思在这里研究的本来就是资本主义的生产方式而不是什么生产力加生产关系呀！第四，最难得的是，这一原理具有很强的现实解释功能，能够真正成为指导我们每个人认识社会

---

① 《马克思恩格斯选集》第 4 卷，人民出版社 1995 年版，第 695—696 页。

② 《马克思恩格斯选集》第 1 卷，人民出版社 1995 年版，第 108 页。

③ 《马克思恩格斯选集》第 2 卷，人民出版社 2012 年版，第 82 页。

现象和社会问题的最有用工具，真正对我们普通人有极其直接而重要的指导意义。本书的核心内容就是阐明这个原理的强大解释力的。

本书提出唯物史观中最核心和最精髓的部分，是生产方式是社会发展的决定力量的原理这个新论断绝对不是空穴来风，而是有着极为坚实的理论依据的。生产方式为什么具有决定作用？各种教材对这一问题的回答大同小异，基本意思是相同的，本书选取目前教育部统编《马克思主义基本原理概论》教材中的解释："首先，物质生产活动及生产方式是人类社会赖以存在和发展的基础，是人类其他一切活动的首要前提。其次，物质生产活动及生产方式决定着社会的结构、性质和面貌，制约着人们的经济生活、政治生活和精神生活等全部社会生活。最后，物质生产活动及生产方式的变化发展决定整个社会历史的变化发展，决定社会形态从低级向高级的更替和发展。"[1] 虽然仅有三点解释，但其中包含的内涵是极为丰富的。笔者认为可以从纵和横两个维度来理解这三个要点：第一点应从纵向来解读，就是侧重考察人类社会从无到有、从产生到存在、从存在到发展这个完整历史进化发展过程。需要说明的是，要点中应该包括人类社会的产生即从无到有这个环节，这样才算完整，但教材中并未单独提出，这是编写者的一个小失误。通过考察整个人类社会的进化发展过程，可以看出，在人类社会的每一个重大进化发展的关键点都是生产劳动起着决定性作用。比如，劳动创造了人和人类社会，从而规定了人类社会发展的起始点，人类一旦放弃了劳动，既无法解决生存更无法实现发展。第三点也是从纵向考察，不过比第一点更具体更微观，是说人类社会的发展并非是直线式发展，而是在量变和质变相互交替中发展，在人类社会实现质的飞跃，即在社会形态从低到高的更替过程中也是生产方式在起着决定作用。综合第一、第三点，就是说明在人类社会的整个进化发展过程中，人类社会从无到有、从低级到高级、从简单到复杂，它发展中的每一步归根结底都是由物质生产及其生产方式所决定的。第二点是从横向上分析，社会是个极端复杂的有机体，领域庞大众多、关系错综复杂，但是究其根源，一个社会之所以具有这样的性质、特征，社会各领域之所以以这样的结构、形态构成这个社会，根源也在

---

[1]   本书编写组：《马克思主义基本原理概论》，高等教育出版社 2010 年版，第 95 页。

于社会生产及其生产方式。这个原则不但适用于当前这个社会，也适用于人类社会进化发展过程中的任何一个阶段，甚至任何一个时间点。反过来，不管我们考察人类社会发展过程中任何一个阶段和时间点，都可以而且都应该首先去考察该时间点的生产方式，只有从生产方式而不是别的因素出发解读该社会的特性和面貌，我们才能够真正全面、彻底而准确地认识和把握这个社会。

通过翻来覆去地琢磨这三点解释，我逐渐地领悟到：既然人类社会无论从纵向还是横截面、无论从整体还是部分、无论从过去还是现在，其根源都在生产方式，都能够从生产方式出发去解读、去把握社会及其各领域的产生原因、性质、特征、变化、发展等问题，可见唯物史观的本质就是在强调人类社会的生产方式决定论，其中就隐含这样一个道理，即生产方式是人类社会的决定性力量这一原理的解释力是异常强大的。因此笔者开始隐隐约约有这种预感，并开始沿着这一思路继续探索下去，这就是笔者研究问题的逻辑起点，也是这本书得以产生的探索起点。

我们可以试着用生产方式来解读人类社会发展的历史进程。从宏观的视角来考察，人类社会有三个大的历史阶段：原始公有制社会、私有制阶级社会、共产主义高级公有制社会。

在人类社会的最初阶段，由于个体生产能力极其低下，个体不具备独立劳动的能力，更不具备独立生存能力，因此，只能采用以部落为单位进行集体劳动这种最落后的生产方式，当时人们尚不会制造生产工具，最多拿自然界提供的现成的土块、石块、树枝等直接作为工具，由于没有杀伤力较大的工具可利用，他们的狩猎对象当然不会选择大型猛兽，而只能选择兔子之类的小动物。但人又没有兔子善跑，直接追肯定不行，估计他们最可能选择这样的捕获方式：选一个小山包，整个部落的人一齐上阵先把山包围起来，仅在一个下山方向留个出口并在该出口处挖几道陷坑，所有人齐声喊叫，把藏在草丛中的兔子惊起来，人们一边叫喊一边逐步缩小包围圈，这样兔子就只能一步一步朝着预留陷阱的方位逃窜，直到掉进去。当然这样的劳动效率是极为低下的，一个六十多人的部落辛苦一天也许只能捉到三四只兔子。然后把兔子全部杀掉切成小块煮熟，大家只能采用一人一份平均方式加以分配，每人平均分到很少的肉和汤。为什么要平均分配呢？我认为原因有二：第一，不敢私有。本来就少得可怜，如果部落中有少数人自恃强大无理地私吞别人的食物，那么就会造成有一部分人很快被饿死，下次再去劳动时，由于死了一批人导致人与人之间的间距大大增加，兔子从大间距逃走的可能性大增，劳动一天的结果很可能会一无所获，最终整个部落全部饿死。第二，没有私占多占的理由。在这种原始的生产方式中，个体能力差异无法充分得到体现，一个身强力壮的大汉和一个体弱多病的老人或小孩的贡献实际上差不多，你喊叫一整天别人也喊叫一整天，大家贡献一样大，你凭什么多占呢？既然没有人有私有观念，所以根本用不着使用政治暴力加以镇压。因此在这种生产方式条件下，经济上，大家集体合作劳动，共同占有生产资料，平均分配劳动产品；政治上，不需要暴力维持秩序，领导人主要是组织劳动、主持分配；观念上，人人都不敢实际上压根也不会有私欲，个个大公无私，以公为美、以私为恶。

生产力总是随着社会前进而不断向前发展，这是一条永远颠扑不破的真理。如果说原始社会生产力是极其低下或者说你能想到多低就有多低，共产主义的生产力是超级高或者说你能想到多高就有多高，实际上人类社会在很长阶段是处在说高不太高说低不太低的状态。所谓说高不太高是说还远没达到共产主义的超级高状态，说低不太低是说比原始社会的生产力明显要高。我们还是沿着上面编排的那个故事继续想象下去吧。后来这个部落生产力提高了，人们普遍装备了弓箭，一天能打到十几只兔子，这时原有的分配方式面临新的挑战：部落里几个年轻力壮且射箭水平高的人有意见了，我们几个最辛苦付出也最多，十只兔子中九只是我们三个人射杀的，凭什么要平均分给其他人，我们出力最多到头来却也只能照样挨饿。他们也许会提出他们要分得多一些，这可能会得到大家的理解和支持。这个口子一开，其他一些自我感觉贡献大些或者有条件贪污的人如部落首领、仓库保管、厨师等也开始利用职务的便利偷偷地进行私占。一旦被发现，也许会被大家狠狠地批评甚至痛打一顿。但这些人一旦尝到了私占的甜头，根本不会收手，只会在这条道路上越走越远，他们能做的就是考虑应对的办法。比如他们也许会合作起来雇打手，目的是维护现有的不公平的分配方式，这就是暴力的开始，最后逐步发展完善成军队、法庭、监狱等暴力机关。这个阶段对应了奴隶社会、封建社会、资本主义社会。特点是：经济上，私有制为基础，少数人无偿占有多数人的劳动成果；政治上，统治者运用暴力手段维持不合理的分配制度，少数人统治多数人；观念上，宣扬私有制的合理性，宣扬人不为己、天诛地灭，努力把统治者神化、合理化、合法化。

历史的车轮继续滚滚前行，生产力也逐步提高最终实现彻底飞跃，这就进入了共产主义。很多人对共产主义抱有深深的怀疑，不相信它能够变成现实。对此，笔者表示充分的尊重和理解，就像一个站在地球上的人无法想象自己能够拽着自己的头发把自己提离地球一样。在此笔者也无意非要硬逼着你去相信共产主义终能实现的大道理，我只是想摆几个小道理，与大家一起思考。生产力总是在不断向前发展，这是一个铁的规律，也是符合生活现实的。根据我们日常的经验，当社会推出一种新的生产工具时，开始使用时大家会感到生疏，效率不高，但随着熟练程度的不断提高，效率必然不断提高。如果在使用过程中感到哪个环节不够顺畅，人们还会不断改进工艺流程、改进设备结构，又可以使生产力提高一截。如果经过较长时间，还会发明和发现新能源、新材料、新技术、新动力等，那样对生产力的提高就更是不可小觑了。所以，生产力不会总是停留在原有水平而是不断提高，这个道理无论从理论上还是实践中都是完全站得住脚的。既然生产力总是在不断前进，那么谁敢断然地说与共产主义相匹配的那种足够高的生产力就绝对不会到来呢？

也有人对共产主义社会里人人大公无私没有丝毫私心杂念这一点不能理解，其实这也很好理解的。原始社会就曾经出现过的，不过共产主义与原始社会性质不同，原始社会的人是不敢有私心，共产主义社会的人是不必有私心，一个是不敢，另一个却是不必，不敢是因为如果某个部落有一个人有私心最终将导致整个部落的全部覆灭，不必是因为物质财富太多，随时用随时有永远不用担心缺乏。举一个生活中的例子，生活中有人私藏金银，有人私藏钞票，原因是这些东西不是可以随用随取、取之不尽、用之不竭，可是没听说谁在家专门私藏空气，就是因为空气是取之不尽、用之不竭，永远不用担心有一天会短缺。当然什么事都不是绝对的，最近我国到处雾霾笼罩，清新空气就成了稀缺资源，网上流传说这一阵子有人专门卖"空气罐头"而且还很畅销。还有的人对公有制优于私有制不理解，说公有制没有明确产权，名义上人人都有份，实际谁也不关心，像一个没妈的孩子。而私有制产权边界清晰，有人管有人问，有爹有妈像块宝，绝对优于公有制。但是笔者想说的是，其实二者谁优谁劣不是一个靠理论争论就能得到答案的问题，而是一个很实际的现实问题，生产力一旦真的到了某种水平，大家就都抢着搞公有谁也不愿私有了。比如农村土地问题，由于过去生产力水平低时，采取集体生产方式就不如家庭承包的经营方式好，所以按照当时的生产力水平，分田到户就优于人民公社。改革进行了三十多年之后，农村生产力得到极大提高，为提高收入，现在的农村人绝大多数都进城务工，留在老家的只有一些老人和孩子，有的年轻人进城后在城市扎下了根，但老家的几亩薄田又成了拖累，他们希望集体给收上去或者流转给一些土地承包大户，并从中获得一定的补偿。这就说明家庭承包制的制度红利已经发挥殆尽，农民又希望回到集体经营的方式了。虽然公有制和私有制是产权问题而不是经营权问题，但其中反映的问题却是大同小异！

　　也许有读者会说，通过你的分析，我接受了唯物史观的核心和精髓是生产方式决定人类社会的发展，但是无论你说得再好，这一原理中还是有一个理论难点没有攻克，那就是三要素之间的关系如何摆平。经过笔者的长期研究，形成了这样一个新的理论框架：一个国家和社会的地理环境和人口因素共同决定着生产方式的选择，而生产方式是社会发展的唯一决定性力量，也就是说，生产方式是人类社会发展的直接决定因素，而地理环境和人口因素是通过生产方式对社会发展起着间接决定的作用。这一解释有几个优点：第一，在坚定地捍卫了唯物史观把生产方式当作人类社会发展的唯一直接决定性因素的核心思想前提下，坚决地维护了社会存在三要素共同决定社会意识的基本立场。第二，很妥当地摆平了三要素之间的内在关联，生产方式是唯一的直接决定因素，地理环境和人口因素是间接决定因素，它们无法直接决定社会领域，而只能通过生产方式间接影响社会领域。如果你把间接决定误以为是直接决定，那就是自然主义历史观。第三，也对地理环境和人口因素所起的作用给了一个恰当的定位，这两个要素并非可有可无，而是至关重要，也是决定性因素，具有不可替代的作用，只不过它们的决定作用不是直接的而是需要通过影响社会生产间接影响社会生活。通过这样的理论探索，我们就完全彻底地厘清并弄懂了这个原理。我们打个比方，社会就像一棵参天大树，按照笔者的最新理解：地理环境就是指你要把这棵树栽在什么地方，如向阳还是背阴，山上、山下还是半山腰，平地还是丘陵，水边还是沙漠，塞北还是江南等；显然同样一棵小树苗，把它栽在不同地方，将来能长成的形状姿态肯定是不同的。人口因素就是指栽什么、怎么栽以及栽树人护理人有哪些特殊偏好，如栽树人喜欢栽哪种树、喜欢栽深还是栽浅、栽直还是栽歪，是否适时地浇水、施肥，是否用心地呵护料理等。这两个因素决定了树根的生长态势并进而决定了树的形状大小、长势快慢、姿态偏向等各个方面。这个树根就相当于社会生产及其生产方式，树干就相当于生产力，树枝相当于生产关系（即经济），树叶就相当于政治，满身覆盖的树皮就相当于体现在社会各个领域的并起到保护作用的文化。这个比方的一些细枝末节也许有待完善，但它所体现的理论内涵和精神实质却是准确的。笔者的这一理论探索不但解决了长期困扰唯物史观研究领域的一个理论难题，而且为每个人特别是搞人文社会科学的人在进行学术研究时提供了一把非常实用的"金钥匙"。

所以，我们认为唯物史观是马克思主义哲学中最精华、最原创、最有用的一个理论部分，马克思主义哲学的大众化重点是解决唯物史观的大众化，要解决唯物史观的大众化，首先就是要使唯物史观理论从过去的政治化走向生活化，能够用它来解释现实生活中人们经常遇到的历史的和现实的一切问题、现象，从而为普通人提供一套有用的思维方式和认识工具。其次，还要使唯物史观从精英化走向平民化，从过去唯物史观仅仅被极少数政治精英当作其开展革命、实施改革的理论依据转化为每个老百姓都能掌握并熟练应用的必备的思维和认识工具，让每一位公民都能从中受益终生。最后，还要把对马克思主义哲学的创新从形式化走向精髓化，当今社会与艾思奇写《大众哲学》的时代完全不同，当时的人们对马克思主义很不了解，学者们只要在形式上下些功夫就可以吸引广大读者。现在的读者要求要比当时高得多，因为他们获取知识的渠道前所未有地多样化，单靠在形式上变些花样根本吸引不了他们，当今哲学工作者必须深挖马克思主义中最精髓的东西，让它能够回应现代人最关切的问题和困惑。这是当前解决马克思主义大众化的不二法门，也是笔者写作这本书的根本宗旨。

第 二 章

中西价值观比较研究的基点和起点

问题研究的基点就是中西价值观产生的最基本的条件，包括不同的地理环境和人口因素，以及在此基础上形成的不同的生产方式；研究的起点就是中西两种价值观在最开始定型时的一些特征，并用唯物史观中的人类社会的生产方式决定理论来剖析其形成的内在机理。本章就以中西传统社会经济、政治、文化、价值观等方面的差异为例，小试一把唯物史观的实效性。

第一节 中西价值观比较研究的基点

以下两类现象在当前的年轻人特别是有一定文化层次、眼界比较广的青年大学生中是比较有市场的。

第一种情况：我们知道中西各方面的差异很大，很多大学生思想活跃，并且从网络和其他渠道接触到很多西方的东西，一些学生就有了羡慕人家外国的想法，认为人家样样都好，我们样样都不行，甚至有人说中华民族天生愚昧。也有的人是中华民族传统文化的忠实捍卫者，如果谁敢对中国传统说半个不字，他就反唇相讥，最后争得不可开交，谁也说服不了谁。那么，有没有一个公允的能够让各方听上去感觉都很折服的理解思路去理解中西传统的各种差异呢？我觉得只有用唯物史观的方法来解读，才能够做到令人心服口服。

第二种情况：我们现在的年轻人动辄就喜欢说别人愚昧，说人家脑残，特别是利用互联网对社会上某个现象和事件评论的时候尤其是如此。这样相互争论的后果就演变为一场浮躁、低俗、浅薄的对骂，最后连祖宗八代都骂出来。其实我们学会运用唯物史观的方法分析问题之后，你会变得深刻而理性，你就不会动不动说别人愚昧。试想如果一个搞民族学研究的人从一开始就认为你的调查对象很愚昧很落后，你能调查出什么有用的结果呢？而且一个国家一个地区实行什么样的经济、政治、文化习俗并不是当代人们自己选择的结果，是在他们出生成长的那种特定的地理环境和特定人口因素下一种别无其他的选择，那就是最适合他们的方式，这种生产生活方式对他们而言就是最合理、最理想的方式。

　　根据第一章中所提供的理论框架，一个国家和社会的地理环境和人口因素共同决定着生产方式的选择，而生产方式是社会发展的唯一决定性力量；也就是说，生产方式是人类社会发展的直接决定因素，而地理环境和人口因素是通过生产方式对社会发展起着间接决定的作用。意欲分析当前中西价值观的差异，首先应该从它们各自的文化源头以及源头所赖以产生的地理环境和人口因素作为分析的起点。众所周知，中国文化的源头比较单纯，就是在本土基础上经过长期发展完善起来的，而西方文化相对要复杂一些，它的源头是古希腊古罗马文化，中世纪受到基督教宗教文化的深厚影响，文艺复兴时期在对古希腊文化恢复的同时，科学精神也随之兴起。但总的来说，古希腊文明是西方文明的源头并影响至今这一点是得到人们普遍共识的。所以我们讨论中西价值观的源头，主要就是以古代中国和古代希腊为研究对象的。讨论古代文化价值观的源头还有一个重要思想需要特别注意，即我们研究的时代越是远古，地理环境对人类社会生产生活方式的影响也就越大，甚至在一定程度上起到了决定性影响的作用。这是因为越是远古，人类改变和改造自然的能力越低下，那时的人们刚刚从动物式的完全被动地适应自然环境的状态下脱胎出来不久，除了在自然环境规定好的既定条件下被动地选择生产生活方式之外，其实别的方面也真的是无能为力。我认为这样的研究态度并不是违背唯物史观的，相反这正是历史地、客观地、辩证地运用唯物史观的应有之义。

一　古代中国和古希腊的地理环境差异

　　地理环境有广义和狭义之分，广义的地理环境包括自然地理环境和人文地理环境，自然地理环境主要包括气候、地形、地貌、水文、植被、海陆分布等，这些因素发展变化的速度相对比较缓慢，人文地理环境主要包括疆域、政区、民族、人口、文化、城市、交通、产业等，这些因素的发展变化相比自然地理环境因素要快得多。我们这里要探讨的地理环境是指自然地理环境，因为人文地理环境是在生产方式产生过程中形成的，而我们要研究的是最早决定生产方式选择的地理因素，当然是自然地理因素。我们需要特别提醒的是，很多人习惯于把地理环境仅仅理解为山川湖海等静态空间，而忽视了构成地理环境诸要素中最敏感、最活跃的气候这一重要因素。实际上气候的变化对人类的影响是至关重要的。

此外还需要说明的一点是，我们讨论的是古代中国和古希腊的自然地理环境，自然地理环境的诸要素发展变化的速度虽然比较缓慢，但其局部地区在长达几千年的时间跨度内还是有一些变化，有的变化还很大，所以历史上的地理环境不同于现在的地理环境，我们必须追溯到当时的地理环境条件下去讨论。

（一）古代中国的自然地理环境

概括地说，我国古代的自然地理环境有以下一些特点：

第一，就中国的周边环境而言，偏居一方、相对封闭。

世界上最早的几大文明如地中海文明（包括古埃及、希腊、罗马文明）、两河流域文明、印度文明、中国文明等的分布有很明显的共性，它们都居于北半球的温带大陆上，这条文明带被称作"中纬度文明带"，中国文明则位于这条文明带的最东端，与世界上其他早期文明距离较远，可谓偏居一方，因而与其他文明交流的机会微乎其微。

而从中国的地理位置和地形条件看，中国虽然有着漫长的海岸线和二万余公里的陆上边界，但在很长时间里都处在与外部世界相对隔绝的状态。因为它所面对的太平洋浩渺无际，缺乏远洋航海技术和工具的人类先民对此只能望洋兴叹。而在内陆地区的外部边缘，西南方向有崇山峻岭和充满烟瘴的热带林莽，隔绝了与东南亚地区的交往；与另一古老文明印度之间矗立着更加难以逾越的屏障——世界最高山峰喜马拉雅山，在通往欧亚大陆腹地的西北边陲，则是浩瀚无垠的漫漫黄沙；正北方则是冰雪覆盖、寒冷荒凉、见不到文明痕迹的荒野。总之，中国这块古老文明的发源地在地理上是远离世界其他文明中心的，长期处于难以与外界交流的隔离状态。这固然能够使中华文明能够沿着自己的方向独立发展，创造出与众不同的文化品格和文明成果，并始终能保持自成一体的一贯性和连续性。但同时也给它带来自我封闭的保守意识和自诩世界中心、盲目自尊自大的老大帝国心态，这无疑在一定程度上阻滞了华夏文明的不断进步革新。

第二，就其内部地理环境而言，幅员辽阔，形貌复杂。

至少到公元前一千多年的周代，中国便已经形成了纵横 5000 余公里、面积几乎相当于整个欧洲的庞大帝国。这里江河纵横，土地肥沃、物种繁多，有着丰饶的生存资源和广阔的回旋余地，境内流域面积在 1000 平方公里以上的河流就有 1580 条，流域面积超过 1 万平方公里的河流 79 条，其中仅长江、黄河、黑龙江、珠江几大水系的流域面积就达数百万平方公里。这样辽阔的土地不仅为我们的祖先提供了完全自足的生存条件，而且蕴藏着雄厚的发展潜能，使他们能不断地自我调节和更新，并且进退自如。中华文化拥有如此辽阔的发祥地，这对于同时期发展起来的几大文明，无论是兴起于尼罗河流域的埃及、两河流域的美索不达米亚、希腊和印度而言都是望尘莫及的，这也是中华文化虽然在历史上多次遭到过外族入侵却终究能保持文化的延续和完整而没有像其他文化那样招致毁灭和中断的最重要原因之一。

中国的地势西高东低、依次递降、高低悬殊，呈现出三大阶梯式的地形地貌。青藏高原为第一阶梯，平均海拔高度 4000 米以上，许多山峰海拔超过 7000 米，长江、黄河、澜沧江、怒江等著名大江大河均发源于此。青藏高原以东的蒙古高原、黄土高原、云贵高原和塔里木盆地、准噶尔盆地、四川盆地相间分布，地形极其复杂，海拔高度多在 1000—2000 米，这是第二阶梯。第二阶梯以东地区平均海拔低于 500 米，是为第三阶梯，东北平原、华北平原、黄淮平原、长江中下游平原都分布在这一区域。落差如此显著的三大阶梯，就像一把巨大无比的躺椅，西北背靠欧亚大陆，东南面向太平洋。

在这片无比广袤辽阔的大地上，既有上千条巨川大河，又有绵延的崇山峻岭，此外还有塞外荒漠、北部的辽阔草原、中西部沟壑纵横的黄土高原、广袤无垠的东部平原、四面环山的大盆地、漫长的海岸线……正是这些千姿百态的自然景观滋养了中华文化众彩纷呈的特色，为华夏多民族、多源流、多侧面的亚文化系统的形成提供了肥沃的土壤。总的来说中华文化是以黄河长江流域生长的农耕文化为主体，以北方草原社会发育起来的游牧文化和其他各具特色的地方文化为补充，相互之间交互渗透和影响，共同推动了中华文化的发展。文化总是在不断交流和更新中实现自身的延续和发展的，如果一种文化僵化不变、抱残守缺，最终一定难逃灭亡的命运，这是世界文化史上的一条客观规律。中华文化虽然与外来文化交流困难，但是由于其内部文化的多样性，使得它的内部交流得以顺利实现，因此中华文化在与世界基本隔绝的情况下，依然能够封闭发展，并保持五千年文明史不间断，是内部交流机制运转灵活的体现。

第三，气候温润，植被丰富。

中华文化发祥地南北分跨热带和温带两大气候带，大部分属温带，亚热带区域也不小，最南部伸入热带，最北部伸入亚寒带，占有完备的气候带，给多样性的生产生活方式以及文化方式提供了可能。其中温带区域最广，占国土面积 90% 以上，这当中又以暖温带为主，由于温带气候适中，提供了较良好的生产生活条件，因而温带—暖温带成为世界文明的发祥地和繁盛之区，地球上的这一温带区域曾被黑格尔称作"历史的真正舞台"。① 就干湿度而言，中国大陆以距海远近形成了从东南向西北由湿润、半干旱到干旱逐渐递变的趋势。东部低阶梯湿润多雨，中部第二阶梯除云贵高原以外一般为半干旱和干旱气候，特别是西北内陆。第三阶梯的青藏高原则以高寒为基本气候特点。这种气候大势斜向把中国分为东南和西北两大部分，形成东南以农耕为主，西北以畜牧为主的人文地理景观。

由于我国地域辽阔，地形多样，因此各地气候差别较大，但总体看来，我国属于季风气候，冬季风来自北方内陆的干冷气流，因而我国绝大部分地区冬季干燥寒冷，夏季风主要来自东南和西南海洋的暖湿气流，因而我国绝大部分地区的降水主要集中在夏季，总的气候特点是冬季干燥而寒冷，夏季温暖而潮湿。此外还应该指出的是，在新石器时代中晚期，全球出现了历时四五千年的气候转暖，当时中国的气候整体要比今

---

① ［德］黑格尔：《历史哲学》，张作成、车仁维编译，北京出版社 2008 年版，第 12 页。

天好得多，我国现代的亚热带北界基本位于秦岭——淮河一线，而在仰韶——龙山文化时期，该界限却大大向北推进到今天的整个华北平原、燕山以南一带，连北京、天津都处在其中。京津及河北平原当时长着茂密的亚热带阔叶林和水蕨科植物。河南原来称豫州，说明当时河南一带野象成群、树木葱茏，俨然一派亚热带的景象，就连如今气候干燥的辽河上游一带在距今八千年前都还是温暖湿润的地带，蒙古高原和青藏高原一带当时的生态条件也比今天要好得多。

第四，得天独厚、尤适农耕。

世界上的四大古老文明有一个共同特点，即都是农业文明并且都集中在大河流域，中国文明就是崛起于黄河—长江流域。距今约 1.5 万—1.8 万年前，人类进入了大理冰期，这是二三百万年以来最寒冷的年代，来自西伯利亚的强大西北气流在经过我国西北和蒙古高原的沙漠戈壁时，将大量的粉沙和细土卷起，行至陕甘地区因地势变低导致风速逐渐下降，裹挟的沙土便逐渐堆积，不仅在黄土高原地区堆积了一层平均 150 米厚的黄土，甚至在长江下游的太湖流域也堆积了大量黄土。这种黄土土壤结构均匀疏松，具有良好的透水性，并因保持大量矿物质而非常肥沃。

在距今一万年左右，全球气候开始好转，距今四五千年前后是我国一万年来气候最好的时期，这时在黄河—长江流域，一个个原始农业部落原始村寨星罗棋布。在当时又以黄河中下游地区发展条件更加优越，一是黄河流域所在纬度四季的气候变化最为显著，最突出的特点是雨热同季，温度和水分条件配合良好，尤其适合农耕；二是黄河中下游地区湖泊水网密集（但是时至今日这些湖泊已经被频繁泛滥的黄河泥沙所填平，一些古籍如《诗经》中所提到的很多河流湖泊今天已难觅踪迹），便于灌溉；三是当时更先进的铁制工具尚未发明，黄河流域土质疏松易开垦，长江流域的涂泥难处理。当然随着时间的推移，黄河中下游地区气候变坏、人口过密、过度开发、黄河泛滥、河流退化，相反长江流域却因生产工具改进、土壤改良、水网密布、排水灌溉技术提高等因素，后来成为我国最适宜种稻的地区，也是最富庶的经济文化中心。长江流域这一地位崛起于东晋南渡，到隋唐时期长江中下游的全国粮食中心地位已经完全确立，故有"湖广熟、天下足"之类的民谣。自唐代以降的千年间，随着中原农人南迁、农业耕作技术提高、各种高产耐瘠作物的推广，农耕区从最初的黄河中下游、长江中下游渐次推向长江上游、长城以外，又向南越过五岭达到珠江流域及云贵高原，从而在整个中国内部形成了面积广袤而又各具特色的众多农耕区域。

（二）古代希腊的自然地理环境

需要指出的是，古代希腊的面积要比今天的希腊共和国大得多，古希腊的地理范围，除了现在的希腊半岛外，还涵盖了：向东包括整个爱琴海区域和小亚细亚半岛（今土耳其）西南沿海地区，北面覆盖了马其顿和色雷斯，向西拓展至爱奥尼亚海和亚平宁半岛（今意大利南部）东部沿海地区，向南涵盖克里特海和克里特岛。概言之，所谓古希腊包括了希腊半岛本土、爱琴海东岸的爱奥尼亚地区、南部的克里特岛、南意大利和西西里岛、爱琴海海域和爱奥尼亚海域内上百个岛屿等。与古代中国相对应地加以比较，古代希腊的自然地理环境特点也可以概括为四点：

第一，整体上看，古希腊地处欧亚非三大洲的要冲和古代文明的中心位置，天然优越的海上交通资源为其对外交流提供极其便利的条件。

古希腊地区地处地中海东部中央，它的地理范围以希腊半岛为中心，包括爱琴海诸岛、小亚细亚西部沿海地区、爱奥尼亚群岛以及意大利南部和西西里岛的殖民地，扼欧、亚、非三洲的要冲。其中，希腊半岛和爱琴海诸岛是古希腊人活动的主要舞台。地中海沿岸是人类文明曙光最早升起的地区，是旧世界历史的中心舞台，可以毫不夸张地说，人类上古文明的精华一半以上都诞生在地中海的怀抱。在古希腊的周围有古老的埃及王朝、亚述帝国、赫悌帝国和腓尼基人，有巴勒斯坦地区希伯来人建立的以色列王国和犹太王国，有与之并肩相邻交往频繁的巴比伦文明和波斯帝国。

地中海是一个地形封闭的陆间海，海面较为平静，潮汐很小，海域也不甚宽阔，又分布着众多参差的半岛和岛屿，南北两岸的直线距离大都在数百公里之内，在岛屿分布较密集的爱琴海区域，晴天挂帆出海时随处都可见到大陆和海岛的影子，即使遇到突然风暴，随处都可就近找到避风港湾。在当时航海技术条件下，驾驭这种海域当然比征服浩渺无际的太平洋、印度洋要容易得多。希腊半岛东部的海岸线比较曲折，航海条件较好，而且面朝东方的古代文明发达地区，有条件汲取埃及、西亚文明的成果并与之进行各种交流。正是地中海为这些不同民族和文化之间的交流、贸易乃至征伐、掠夺、兼并提供了最便利的通道和更广阔的活动场地。古希腊这种开放的地理环境和具有较高文化势能的周边文明又为其成长提供了丰富的养料和宝贵的经验，并铸就了古希腊人勇于开拓进取又长于兼容并蓄的开放型文化性格。如果说古代中国的文明是典型的内生型文明，其特点是文明的更新主要靠内部各种亚文化的交流，古代希腊文明则是一种外向型文明，其更新则主要是靠与多种异域文化在相互交往中的不断影响。

第二，内陆地区地少山多，交通阻隔，海上岛屿密布，水运远比陆运发达。

和古代东方文明不同，古希腊文明不是诞生在拥有大江大河的开阔平原沃土上，而是在平原狭小、地势崎岖不平、多山多海的爱琴海世界。希腊大陆处在巴尔干中部主脉的支脉，这些支脉又分出许多小支脉，冈峦起伏、连绵不断，希腊半岛上的山虽然不甚高，最高的不过一万英尺，但是这些山比较陡峭，不易翻越，希腊是全欧洲山陵最多、地面分割最破碎的国家。希腊半岛上众多的深山峡谷形成的天然屏障造成了地理上的分裂，层峦叠嶂的地势将陆地分割成若干小块，在此基础上形成了众多彼此较为隔绝的小城邦。所谓城邦，就是一个城市连同其周围不大的一片乡村区域构成的一个独立的主权国家。从公元前 8 世纪到公元前 6 世纪，这种大大小小的城邦像雨后春笋般蓬勃兴起，在历史的发展和演进过程中，辉煌的古希腊文明却始终未能从这种小国寡民的城邦发展成为统一的王国或帝国。古希腊地理上的多中心决定了经济上的多中心，而经济上的多中心又决定了政治上的多中心。山脉纵横、岛屿众多的自然条件将整个希腊世界分为 300 个左右的城邦。古希腊城邦的一大特点就是小国寡民。最大的城邦斯巴达也不过 8400 平方公里，人口总计约 40 万，而雅典则只有 2556 平方公里。对当时的古希腊人来说，半岛上唯一的交通途径就是崎岖的泥路，陆路交通既缓慢又昂贵，所以当时的古希腊人大都不愿意出远门，这可能是古希腊形成城邦政治的重要原因之一。

古希腊人不像我们的祖先那样具有陆地的天然优势，却拥有海上的天然优势。希腊半岛三面环海，最远的据点离海不到 100 公里，平均仅有五六十公里。希腊的海岸线曲折弯长，达一万多公里，而且港口众多，有许多是良好的天然港湾，希腊半岛东与西亚、南与北非、西与意大利、西西里皆为近海航运。地中海与大洋几近隔断，像一个巨大的咸水湖，几乎不受大洋潮汐影响。特别是希腊东面的爱琴海域，岛屿连绵，其位置类似浅水中的一块块石头，在晴朗的天气，岛屿之间可以相互眺望。所以对古希腊人来说，水上运输远比陆路运输方便快捷、成本低廉。

第三，以地中海气候为主体，淡水资源匮乏。

地中海区域的气候因受海洋的影响，温和适宜，没有欧洲大陆的冬季严寒，也没有非洲大陆的夏季炎热。冬季有从大西洋吹来的温暖多雨的西风和西南风，夏季有从北方和东北吹来的干燥的季风。所以古希腊气候的特点是冬季温暖湿润，雅典南部甚至相隔 20 年左右才结一次冰，冬季只有高山地区有雪，其余的地方基本不下雪，但是也会有大风和寒冷的天气。夏季干燥炎热，整个夏季雨量很少甚至连续几个月不下雨。每年的降雨量很不一样，农业收成不稳定，时好时坏。古希腊人自己认为除了偶尔的自然灾害外，当地的气候是全世界最理想的。亚里士多德相信气候决定着人们的政治命运，希腊的天气不冷也不热，对古希腊人的体力和智力发展都有好处。另外，古希腊有温暖湿润的地中海气候以及碧海蓝天、绿岛相连的舒适环境，人们不喜欢待在家里，非常喜欢走出家门，到户外尽情享受大自然恩赐的温暖宜人的天气、蓝天白云和碧海白帆。正是在这种舒心惬意的环境下，古希腊人踊跃参加诸如公民大会、宗教祭祀、体育竞技等集体活动，乐此不疲。尽管希腊很早就有人工灌溉的水道，但由于希腊的河流落差一般都很大，水流急，水道短，因此贮水能力十分有限，夏季经常干涸。因此古希腊人最珍视淡水，在送别亲友时往往祝福他说：愿君一路平安，愿君得饮清泉！可见在人们心目中，淡水是很宝贵的东西。

需要指出的是，古希腊虽然总体上是典型的地中海气候，但由于其山多地形复杂，导致各地气候差异也很大，大体上整个地中海沿岸、岛屿和半岛气候接近亚热带，而距离海岸较远的内地失去了地中海的温暖，比较接近欧洲大陆性的气候。所以地中海一带的气候并不完全取决于纬度，而多取决于自然地理的位置。就东西部差异而言，东部沿海和爱琴海各岛雨量适宜、气候温暖、阳光灿烂，最适合人们居住；而西部雨量较多，森林茂密，有优良的牧场。希腊大陆的各个地区和许多岛屿，一般都包括高地、低地和一段海岸。低地主要用于农耕，高地覆盖着森林和牧场，每个岛经常有几个小的平原，每个平原都被高地所围绕，与云南的山坝结构地理特征相似，这是希腊地区最具代表性的地形地貌。

第四，土地、气候不大适合农耕，粮食生产无法做到自给，只有通过大规模的对外商品交换才能满足其生存需要，这大大地刺激了手工业和商业的发展。

希腊文化也是以新石器时期的畜牧、农耕和定居为发端的，早在公元前3000年，在希腊文化的发祥地克里特岛上生活的人们就种植大麦、小麦、大豆、豌豆等农作物，也种植橄榄、葡萄和柑橘等经济作物，并饲养羊、牛、猪等家畜。然而多山、平原狭小、可耕地少的地理条件，使克里特岛及希腊半岛的农业难以满足不断繁衍的人口的生存需求，于是人们不得不转向山林和大海寻找生活资源，他们通过发展畜牧业、渔业以及向海外迁移与征服来解决激增人口与有限土地之间的矛盾，当然最主要的解决途径还是利用本地的物产资源制造各种外销产品，通过海上商路换回本地人们生存所需的粮食与其他生活必需品。

应该指出的是，克里特岛的发展过程在古希腊具有一般代表性，该岛的气候条件和土地肥沃程度在整个古希腊属于上等地区，其他绝大多数地区还不及克里特岛，因为这些地区不但土地面积更小而且更贫瘠，土地中多石块、沙砾，气候也更不适合粮食种植，因而决定了各地区的粮食必然不能自给。所幸不少山岭丘谷可以种植耐旱性强且喜欢长时间阳光照射的葡萄、橄榄树和其他果树，当地人把收获的葡萄和橄榄加工成葡萄酒和橄榄油销往外地。也有很多地区的金、银、铜、铁、陶土、大理石等矿产资源十分丰富，当地人做成手工艺品从域外换回各种生活必需品。这些都促成了古希腊发达的工商业和航海业。

二　古代中国和古希腊人口因素对比

地理环境对文化的影响是很大的，特别是在人类诞生的初期，人类只是处于从原来的动物式的完全被动地适应自然界到开始尝试通过改造和征服自然界来满足自己生存的起始阶段。当时人的认识能力和改造自然界的能力都很低微，人们的生产活动还带有很强的被动适应自然界的性质。因而，此时地理环境对人类生产方式和生活方式选择的影响是极其重大的。但是地理环境与人类历史文化的形成并不具有直接因果关系，"在马克思看来，地理环境是通过在一定地方、在一定生产力的基础上所产生的生产关系来影响人的"。① 这就是说，地理环境虽然为文化的形成提供了一定的物质基础，然而创造文化的主体最终仍然是人而不是地理环境。显而易见，人是理性的动物，人的智慧、人的社会属性使他们对各种各样的地理环境具有很强的选择能力。这就体现在距今四五千年前后，为什么在大体相似的地理环境中，尼罗河下游出现了埃及文明，两河流域出现了苏美尔文明，印度河流域出现了哈拉帕文明，黄河流域出现了华夏文明。这些不同类型、不同风格的古代文明，正是先民们在各自的地理环境中独立创造的结果。

　　地理环境是如何影响不同文明的形成呢？这一影响过程应该是具体的和历史的过程。起先，一个国家和地区的地理环境制约和规定了生活在该地区人们选择生产方式和谋生手段的范围，这个答案不是唯一的。比如一个村子里的住户，地理环境条件几乎完全相同，但有的人家可能会选择心无旁骛地精心耕种土地作为自家的生产生活方式，也有的人家可能会选择半农半商的方式，也有的人家会选择半农半手工的方式，也有的人家会选择主要靠进城打工的方式等，这在现实中是很常见的。每一家会结合自家的人口因素在规定的方案选项中选择最适合自己的那一种，这里的人口因素包括很多方面，如每一家庭的总人口、男女结构、年龄结构、文化结构、社会的风俗习惯、家庭的传统观念、家人的性格爱好、先天禀赋等，每一家庭都会结合自身的特殊性选择最适合自家情况的生产生活方式。比如有的家庭年轻的男孩子多，他们可能会选择进城务工为主要方式，有的家庭都是老弱病残，他们会选择以家为主要活动范围的生产生活方式。再比如回族同胞有经商的传统，也有人评价说回族人天生就是经商的材料，因此生活在完全相同的地理环境条件中的回族家庭比汉族家庭选择经商的生产方式为多，这就是传统习惯和先天禀赋的影响。再如有的家庭是世代耕读的所谓书香门第，他们多不会选择经商，有的家庭世代行医，他们家很可能子承父业者居多，这里又体现了家庭传统氛围和观念在起重要作用。一旦选择某种生产方式作为某

---

　　① ［苏］列宁：《哲学笔记》，载《列宁全集》第38卷，人民出版社1986年版，第459页。

一家庭养家糊口的方式，必然建构起与这种生产方式相适应的各不相同的思想文化观念因素。这说明每一个家庭在没有选择该种生产方式之前在文化上绝不是完全处于空白状态，而是原来就有一定的思想文化传统的，而在选择了某种新的生产方式之后，这种新的生产方式又会产生新的思想文化观念，这些新要素和以前的传统要素重新整合，构建起一套新的思想文化观念系统。

关于人口因素对古代世界各大文明有什么样的影响，这方面的研究成果极少，也许因为当时距离现今时代过于久远，文字尚未完全创立，社会不统一，人的文化水平过低，没有专门人员与机构从事人口统计和史料记载工作，总的来说当时几乎没有留下什么史料，或者即使有也是后人杜撰出来的，并不可信。也许这种影响机制和过程过于复杂和庞大，研究工作过于艰巨，研究难度过于巨大，所以我们只能简要地定性比较。

（一）古代中国的人口因素

我们通常把中国文化的根源追溯到先秦时代，先秦时期的黄河文明，属于典型的大河内陆文明，民族性格受到文化的影响具有以下特点。

第一，原生型文明导致唯我独尊、自高自大的性格。由于其相对遥远和封闭的地理环境，与当时世界上著名的其他几大文明如尼罗河文明、两河文明甚至印度河文明几乎都是隔绝的，历史上记载华夏与国外最早的交往是汉武帝时期的张骞出使西域，这至少已经是几百年以后的事了。所以，华夏文明是独立起源的原生型文明。当然在这片辽阔的古老大地上也存在众多的民族和不同的文化，但他们之间的差异远比相对其他异域文明而言小得多。加之华夏文明早熟，与周边各种亚文化相比处于优势地位，因而华夏人自视甚高。他们的主流观点认为只有华夏文明影响野蛮落后的四夷，而不可能是四夷影响华夏。实际上就总趋势而言，中华文化的确是呈现出四海范围内各偏远地区少数民族的亚文化向中原文化内向汇聚、中原文化向四周辐射的态势。综上所述，由于环境封闭，使得华夏文明对其他著名异域文明不得而知，又由于其相对周边少数民族文化而言处于高端，使得周边文化向其靠拢，于是就养成华夏人异常强烈和根深蒂固的唯我独尊和世界中心意识，华夏人自以为负有统一天下的责任，总是企图以自己的文治武功征服天下。

第二，内向型文化产生本分踏实、不愿冒险的性格。华夏人从事农业历史悠久，农耕文明的规律性和稳定性，初步形成他们如下的民族性格特征，华夏人注重和顺应自然的节奏，脚踏实地，尊重自然规律，崇尚农事，以农业为安身立命之本，固守家园，安土重迁、祈求平安。他们视离别为痛苦，重农轻商，不愿冒险，务实保守，不愿扩张侵略，重视亲情，安土乐天。当然他们生存的环境也不容易，天灾频仍、水旱无常、野兽出没，经常面对饥饿和人身安全威胁，这养成了中国人的不怕吃苦、不愿反抗、懦弱隐忍的性格。客观地看，中国人在大陆内部的迁移与争斗是比较平稳的，缺乏在大海中搏击的勇敢和刺激，因而华夏人求稳心态严重，不敢和不愿冒险，缺少闯劲，缺乏锐意进取的精神，属于典型的内向型文化。

总之，中华民族是一个具有服从权威、尊重历史、热爱自然、向往宁静、爱好和平、追求中庸等性格特征的大河内陆民族。

（二）古希腊的人口因素

作为相对晚熟的古希腊文化，是典型的海洋文明，因其得天独厚的地理环境，在和外界进行广泛交往中得以充分吸收周边先进文化的滋养，在多元文化的沃土上，盛开出自己绚丽多彩的文明之花。经考古发现，古希腊文明作为后起之秀，坐享了埃及、腓尼基乃至美索不达米亚这些古老文明的成果，具体而言作为古希腊文化的发祥地克里特文化明显受到埃及文化的影响，迈锡尼文化又借鉴了克里特文化，希腊文字是在腓尼基人发明的字母基础上形成的。所以希腊文化是一种外向型综合文化。尽管古希腊人也认为自己生活在世界的中心，但由于他们走南闯北见多识广，其自我中心意识比起华夏人少了很多。他们知道天外有天、人外有人，因此，从未有统一天下的雄心壮志，甚至在希腊本土他们也各自为政，仅有松散的同盟，他们接受多元文化，承认多中心的存在。

由于希腊气候温和宜人，住宅内半明半暗并不舒适，因此他们大部分时间都在室外露天生活，长期露天活动和相互间坦诚交流，必然形成希腊人乐观开朗的性格。另外希腊人经常出海，使他们独立面对大海的咆哮，不仅能培养出勇敢和大无畏的精神，而且也培养了一种独立性，这种长期独立性促使人渴望自由、不愿被奴役。出海后的见多识广，又使他们获取的信息量大增，知识更丰富，因而他们外向开放，更容易创新出奇。古希腊人富有冒险精神，他们不尚同而求异，喜欢殖民的古希腊人，把他们的城邦洒遍了他们的周围，当时世界上几大著名文明发祥地除了华夏文明之外几乎都布下了希腊人的足迹和铁蹄。古希腊人是好动不安、争强好胜、标新立异、求智尚美、性格外向的民族。

三　古代中国和古希腊生产方式的差异

通过以上对古代中国和古代希腊的地理环境和人口因素的分析，我们不难得到他们在生产方式以及由此决定的生活方式方面的差异。

（一）古代中国的生产方式

由于古代中国具备了农业生产所需要的最优越的土地条件、气候条件、灌溉条件，所以理所当然地选择以农业作为核心产业的生产方式。具体来说，就是以家庭为基本生产单位的，精耕细作农业与家庭手工业相结合的自给自足的小农经济模式。我国的小农经济，形成于春秋战国时期，是一种规模很小、生产方式和生产工具简单落后、生产收益较低的经济形态，它是中国传统农业社会生产的基本模式。这种生产方式的特征和产生存在的合理性在于：

第一，由于个体生产力水平特别是生产工具的限制，形成了以家庭为基本经济单位、精耕细作的生产生活模式。只供个人使用的手工工具决定了小农经济是以个体家庭为生产和生活单位的经济形态，农民个人在其家属的辅助下，独立完成主要产品的全部生产过程，一般没有外部协作，属于个体劳动的性质。由于生产限于家庭劳动力的范围，农民所耕种的土地，以全家力量所能耕种的面积为限度，经营规模狭小。农民在自己有限的土地上，为维持温饱，努力提高耕作技术，尽可能多地获取产品，因而需要精耕细作。另外农业社会适合人的繁殖，人均耕地面积不可能多，也决定了只能采取精耕细作的方式。

第二，农业和家庭手工业相结合。以家庭为生活单位，农民的生产通常是农业和家庭手工业相结合的"男耕女织"经济形式。人们在田间劳作充其量只是解决一家的食物，而穿戴没有着落，这就有产生家庭副业、家庭手工业的必然性。所以在空闲时间里，人们就在家里进行简单的手工业生产，以解决一家的衣着穿戴。在经营农业和家庭手工业的同时，农民还经营家庭畜牧、瓜果种植及布帛麻丝等家庭副业，以满足生活的其他需要和缴纳赋税。

第三，生产出来的产品用来自己消费或缴纳赋税，是一种自给自足的自然经济。小农经济下农民在自己有限和贫瘠的土地上，一年勤勤恳恳生产出的产品也仅是满足自己衣食的基本生活需要，以及缴纳国家的赋税，基本没有剩余产品用来交换。在遇到风调雨顺的年景，农民的产品有一定的剩余时，才会拿去市场出售一小部分，所以小农经济具有自给自足的特点。

第四，稳定性和脆弱性。小农经济下农民有一定的土地和简单的生产资料，具有生产的积极性；又由于它以家庭为生产和生活单位，容易通过勤劳节俭实现生产和消费的平衡，一个农民，只要他不是太懒惰，只要年景不是有较为严重的旱涝灾害，只要家中没有发生什么诸如重大疾病等意外灾祸，就可以做到衣食无忧。家庭的稳固性也决定了这种合作的稳定性，只要家庭主要成员不分离（实际上在古代离婚现象是极其少见的），人活着就要穿衣吃饭，这种合作就需要和必须一直持续下去，所以小农经济具有稳固性的一面。但由于经营规模狭小，缺乏积累和储备的能力，经不起风吹浪打，在遭受严重自然灾害、封建政府沉重的租赋和徭役、商人和高利贷者的盘剥，以及封建地主的土地兼并等情况下，多数农民家庭就会陷于贫困，失去土地或破产流亡。所以小农经济又是很不稳定的，缺乏抵御天灾人祸的能力，因而具有极大的脆弱性。

第五，封闭性和落后性。小农经济的自给自足特点使得农民足不出户就可满足自身的基本生活需要，除盐铁之外，一般不必外求，生活比较稳定，一辈子不和外界来往也可以生活，安土重迁，知足常乐。所以小农经济下的农民生活封闭，与外界交流得很少，缺乏进取和忧患意识，苟且偷安，缺乏竞争意识，视野比较狭隘，思维模式单一，具有落后性。

第六，是国家赋税、徭役的主要承担者，是封建统治赖以存在的经济基础。小农经济是封建王朝财政收入的主要来源，农民是国家赋税的主要承担者，是国家徭役和兵役的根本保证，所以小农经济的兴衰关系到封建经济的繁荣和封建政权的安危。此外，小农经济数量越多越分散，他们就越需要一个强有力的中央专制政府的庇护、组织和领导，小农经济如果被兼并、被挤垮，封建王朝的统治也就不会稳定和长久，故而历代封建王朝前期明君都注意保护小农经济，保护农业生产，重农抑商，严厉打击土地兼并，以维护封建统治。

（二）古希腊的生产方式

相比较而言，古希腊的生产方式特点和存在原因在于：

第一，本质上讲古希腊文明是一个工商业比较发达的农业文明。古希腊不是一个统一的帝国，而是由几百个相互独立的城邦构成，各个城邦由于地理条件等差异，所采取的生产方式也不大相同，有的甚至大不相同，经济发展也很不平衡。就拿当时最有影响的两个城邦雅典和斯巴达来说就有很大差异。雅典的工商业发达，农业也不错，斯巴达基本没有像样的工商业，农业也不算太发达。但总的来看，古希腊的社会仍然是农业社会，其经济基础仍然是以谋生为主要目的的自然经济。公元前5—公元前4世纪，以雅典为首的古希腊经济进入鼎盛时期，农业和工商业均达到很高的水平。不过与古代中国的传统农业相比仍有很大差异，这种区别在于，古代中国的农业是以粮食种植为核心，农产品商品率很低，古希腊的农业是以经济作物和畜牧为主，农产品商品化程度很高。

第二，古希腊的商品经济是建立在发达的海上运输和广泛的对外贸易甚至海外殖民基础之上的。由于各城邦规模很小，产业结构特别是农业结构比较单一，加之人口增长迅速，不可能形成完全自给自足的经济，市场范围的狭小也不可能产生发达的商品交换经济，为了生存和发展，只能靠带有军事性的掠夺和贸易来满足其人口发展和多种消费的需要。而受群山和孤岛分隔所形成的各城邦之间自然产品的差异性和水路交通的便捷性也正好提供了商品经济形式存在的基本条件，这是古希腊商品经济繁荣发达的必然前提。同时，由于希腊本土人口的过剩、国内经济发展的需要推动了殖民运动，殖民运动的发展又反过来刺激了工商业的繁荣。可见，古希腊商品经济的发达也确实是一种无奈的选择，实际上古希腊农业基础的薄弱始终是它经济发展的致命伤，希腊的衰亡也证明，农业的不发达不但使各城邦经济基础不稳定，而且也不能储备足够的战争资源，一旦发生战争，商业必然萎缩，而贸易的争夺必然引发频繁的战争，激化了希腊城邦与其他周边国家和地区的矛盾，最终使城邦国家迅速走向没落。

第三，古希腊这种建立在奴隶制基础之上的外向型经济模式是极端脆弱和不稳定的。不可否认的是，希腊经济和文化的繁荣发展是以奴隶制的存在为其前提的，大规模的奴隶劳动使古希腊的奴隶制经济繁荣起来，希腊文化则是在此基础上发展起来的。然而同样不可忽视的是，希腊的衰落也与其奴隶制经济直接相关。因为大量奴隶的使用直接冲击了城邦经济的基础：首先，大量廉价的容易获得的奴隶投入生产，奴隶主丧失了技术革新的动力，使一向以外向型经济为主导的希腊经济受到严重冲击。其次，越来越严重的两极分化又限制了国内购买力，极其贫困的奴隶劳动力买不起自己生产的产品，限制了国内市场的扩展。最后，愈演愈烈的海外殖民造成希腊本土粮价下跌，大量的自耕农破产后进城务工，农村土地集中在少数人手里，而城市工商业却热衷使用更廉价的奴隶，造成城市贫民不断扩大进而成为社会的不安定因素。希腊的征战一旦结束，奴隶价格上升，这时奴隶制经济不再有利可图，而农业基础又业已破坏，古希腊无可奈何地衰落下去了。这说明导致古希腊经济崩溃的因素就在于这种经济模式本身。

总之，古希腊城邦经济具有与东方古典经济完全不同的特点。在古希腊，城市手工业和商业带动了农牧业经济的发展，这种经济的最突出特点是，以城市工商经济为主，以乡村农牧经济为辅，以生产交换产品为主，以自给自足为辅。在中国古代，农牧业占主导地位，城市手工业和商业只是附着于农牧经济的发展，城市只是作为奴隶主统治的政治文化中心而不是作为工商业经济发展的集散地。生产的目的不是用于交换，而是自给自足。这是中希两种经济模式的重大区别。

小结：有关生产方式的启示

通过对以上两种文明所赖以产生的自然地理环境和人口因素的系统对比，我们应该非常明确的一点是，农耕文明的出现早于游牧文明，更早于工商文明，所以农业被称为第一次产业（简称第一产业），这不但是中国文明发展的突出特点，也是世界文明发展史的通例，公元前7世纪以前，整个古希腊基本上没有什么像样的工商业，雅典工商业的发达当在公元前594年的梭伦改革之后。梁启超所说的四大文明古国，都处于肥沃的大河流域和平原，都是以孕育早期农耕文明为发端。中国文明发展与其他文明的区别仅仅在于中国拥有得天独厚的农耕条件，因而农业得以长期处于古代中国产业结构的中心和重心地位，其他产业一直难以望其项背。其他国家可能由于先天就不具备优良的农耕条件，或者由于有限的耕地面积难以供养越来越多的人口，因而农业生产虽然也出现得最早但终究难以为继，只好另图他业。平心而论，基于古代人民当时的生产力水平、技术能力和生产生活条件，农业应该是最优的产业选择。这是因为：

第一，农业比较稳定安逸。土地劳作虽然辛苦，但劳累一天之后，阖家祖孙几代同堂，聚在一起得以共享天伦之乐，即便去世，也能寿终正寝，数代之后仍能享用后代子孙奉敬的香火。这样的日子虽然不富有，但总比整日骑在马背上颠沛流离、居无定所要好得多，更比在惊涛骇浪中搏击，随时都可能被风暴卷入海底葬身鱼腹强似百倍。

第二，农业文明能够保持良好的承继性和传承性。在纸张和印刷术发明之前，由于迁徙不利于竹简类文字载体的携带，游牧民族文化的积累便主要依靠口耳相传，无法形成如农耕文明那样发达的社会文化和稳定的制度组织。加上游牧民族富于攻击性，也极易被攻击，一旦遇到毁灭性打击，好不容易积累起来的文明就会招致灭顶之灾，只能推倒重建。而农业文明安土重迁，生活生产经验便于代代相传，加之从事农耕生产的人们个性内敛，不会轻易招惹是非。文明的发展"不怕慢、就怕站"，虽然农业文明的发展很缓慢，但是如此一代一代慢慢积累，很容易达到一种较高的水平。一旦达到很高的境界，就像中国的古代文明，即使历史上曾数次遭到外来民族的侵略甚至占领统治，也能实现虽然政治上处于被征服的地位，但在文化上却处于征服者的角色，从而实现了一脉相承、屡割不断。

所以我们不能站在现代人的立场上去考量古代，我们今天不少人埋怨甚至鄙视自己出生在愚昧落后的中国，抱怨自己为什么不生成黄头发白皮肤，他们却并不曾想过，中国当初之所以能够以农立国，我们的祖先之所以能够矢志不渝地坚守农耕数千年，其实这恰恰是上天对我们中国人的老祖先特别厚待，当时世界上不知多少人对我们中国人眼红得要命呢。所以在古代以工商业为主的社会不如以农业为主的社会有优势，但是不管采用哪种生产方式都不是本国人民由着性子选的，而是在那样特定的地理条件下的唯一选项，也是最适合他们的选择。有人可能会问，为什么近代中国就不如西方呢？因为优势产业会随着社会的发展和技术进步而发生更替，朝阳产业变成夕阳产业，到近代，农业的优势日渐消减，工商业的优势日渐凸显。所以第一次产业退居弱势产业，第二、第三次产业成为强势产业，历史进入了以工商业领舞的工业化时代。

第二节 中西价值观比较研究的起点

通过上述对唯物史观主要理论精髓的阐述，我们深刻领会了生产方式在人类社会的形成和发展中所起到的决定性作用，有什么样的生产方式就有什么样的社会制度和社会形态与之相适应，正如马克思所说的"手推磨产生的是封建主的社会，蒸汽磨产生的是工业资本家的社会"。[①]然而，另一个不争的事实是，生产方式和社会各领域的变革都不是横空出世的，而是在旧的生产方式和旧的社会制度性质面貌的原有基础上一步一步发展演化而产生的，要想真正地理解现实社会的性质面貌，就必须了解它在过去曾经是一个什么样子以及它是怎样一步一步发展演变到了今天。所谓研究起点就是我们利用唯物史观的原理来分析古代中国和古代希腊在当时的地理环境、人口因素以及生产方式条件下所对应的社会各领域、各层面的状态和面貌。这是我们研究中西之所以会产生两种不同价值观的起点，也是西方社会之所以在各方面形成目前这种面貌和特征的最主要的遗传基因。

我们先把古代中国和古希腊的一些基本差异列如下表：

比较项目	古代中国	古代希腊
经济	农本商末、重本轻末、抑商、小农经济	以工商为主多种经营、鼓励经商、商品经济
政治	大一统、专制主义、人治、礼治、秘密政治	多中心、民主制度、人权、法治、公开政治
文化特征	一源、一元、原生型文化，具有保守性	多源、多元、派生型文化，具有开放性
伦理思想	家国主义、依附意识、集体主义精神、重伦理、重道德	个人主义、独立意识、主人翁精神、重规则、重科学

---

① 《马克思恩格斯选集》第 1 卷，人民出版社 1995 年版，第 142 页。

续表

比较项目	古代中国	古代希腊
民族性格	知足、复古、重民生、重人文、喜静、内向	不知足、创新、重民主、重智慧、好动、外向
家居生活	农村为主、安土重迁	城市为主、喜爱流动
与自然、外邦关系	天人合一、协和万邦	征服自然、征服世界

一 经济方面

中西方不同的生产方式是造就他们在经济、政治、文化上差异的最根本原因。就经济而言，农业稳定，人口繁殖也快，但耕地面积再多也是个定数，随着人口无限增长，时间一长人均可耕地面积就不多了，于是祖先们只能在有限的土地上精耕细作，维持自己的生存。人的需求是多方面的，吃、穿、住、行等，不仅仅只是一个吃，穿的问题也很重要。于是中国的先民们就选择了一种叫作小农经济的模式，这是一种男耕女织、农主商从的模式。男的去耕地解决一家人的吃饭问题，女的去织布解决一家人的穿衣问题，多余的部分就拿去换点油盐酱醋和农具。很显然这样的交换规模很小，交换的范围也很窄，只能叫作小商品经济，根本不可能发展成发达的商品经济。

在古代中国，重农抑商的政策并非天生就如此，在春秋战国之前，统治者并未刻意唯农独尊而是农工商并重，商鞅变法之后才出现了农业被突出独尊，工商则受抑制的局面，究其原因是因为以工商为核心的商品经济危及了封建经济的统治秩序。自秦汉以降，中国封建经济的基本结构是地主经济和小农经济的结合。地主经济的特征是土地自由买卖、小农租地经营和缴纳实物地租，当然社会上也存在小部分的自耕农，但自耕农的数量很不稳定，往往在历朝历代的初期较多，后期随着土地兼并愈演愈烈，最后破产为佃农和农奴。我们这里所讲的小农其实是把自耕农和佃农都包括在内的。小农经济始终是封建社会赖以存在和发展的基础，不仅国家赋税徭役的主要承担者是小农，而且一般地主的消费也是来自小农提供的实物地租。如果小农经济不能保持，整个地主经济进而整个封建国家机器就失去了生存的根基。如果允许商品经济的自由发展，由此将会带来一系列意想不到的多米诺骨牌效应式的严重后果。比如商业是高端产业赚钱快且容易，它的大力发展必将吸引大量农民抛弃农业生产而选择从事商业，出现工商业与农业争民的局面，另外农产品中的利益极易被流通领域所牟取，使小农经济难以进行再生产。从政治和意识形态上讲，富可敌国的富商大贾可能凭借财势与政府分庭抗礼，而汪洋大海般的小农经济更需要一个强有力的大一统的专制政府，更严重的是，商品交换中所体现的人人平等观念将随着日益扩大的交换往来传播开来，势必全方位冲击和否定封建的等级特权结构。这样政府必然对商业采取抑制政策，商人们只能在夹缝中生存，想通过正常渠道发家致富的可能性很小，一是社会资源被政府垄断，二是你一旦侥幸做大，人人都会把你当作一块"唐僧肉"去啃。有些聪明的商人看出了门道，只要和政府串通一气，这些弊端都可以解决，而且还能得到意想不到的好处。所以，既然官府把经商的正途大门给堵死，商人们只好通过歪门邪道来实现。他们或者和官员沾亲带故，或者拿重金贿赂，或者干脆自己亲自加入官员行列成为红顶商人，最后拿到一些专营权、特供权或者承建权，获得丰厚利益，也因此落了个无商不奸的坏名声。这个传统影响深远直到今天，今天的腐败案中90%以上还是经济体制不完善、官商勾结共同谋利造成的。可见这一点的确是我中华民族的"传统"，不过可称不上是"优良传统"。

可是古希腊就不同了，他们虽然也有农业，但因为耕地面积和土壤气候的限制，他们的农业规模较小，一般来说各城邦每年自己打的粮食只占到国人一年所需口粮的不到四分之一，其余的四分之三以上都要通过与外部交换来解决自身的生存问题，这样的交换规模很大，而且是一种全国和全社会的行为，是国家必须给予支持和鼓励的。古希腊经济与古代中国经济的另一个很大不同在于古希腊是以工商业为经济命脉，农业是依附于工商业的。古希腊矿产资源丰富，所以采矿业和冶金业是古希腊经济中最重要的支撑，造船业也是比较发达的行业，当时的古希腊人已经掌握了建造各种大型船只的复杂技术，如焊铁、铸铜以及高难度的木工制作技艺。其他手工业中有制陶、纺织、制皮、酿造、榨油、石艺等，从最初的家庭经济发展到城市经济，再进一步拓展为国际贸易，加之与贸易相关的金融业的繁荣，这些都为希腊工商业的发展提供了得天独厚的条件。值得注意的是，随着对外贸易的不断拓展，传统的农业结构也发生了变化，土地经营者为了获取更多的利润，把过去以种植农作物为主转变为种植经济作物如橄榄、葡萄为主，致使原本粮食不足的矛盾更加恶化，这反过来又进一步刺激了对外贸易的壮大。故而商品经济就较早地在西方出现了。被工商业奴隶主牢牢掌握国家政权的古希腊经过梭伦、庇西特拉图等多次改革，形成了一系列富工、富商、富农政策，如鼓励开采银矿并大量铸造银币，奖励手工和农副产品出口，鼓励有技术专长的工匠移居雅典，规定公民必须教会儿子一门手艺，激励发展科技文化事业，鼓励开拓海外贸易，建立海外商业据点等。这些因素促进了希腊城邦经济的繁荣。

二　政治方面

"大一统"或说统一，在中国历史上是占主流的政治文化心理。爱好统一，厌弃分裂，是中国人的普遍心态。为什么会产生这种观念呢？首先是为了应对天灾。黄河流域是古代中国的经济文化中心，黄河到了中下游经常淤塞河床，引起堤防溃决，洪水泛滥，造成大量生命财产的损失。治理黄河需要有一个统一的政府，它需要有足够的威望，具有调动一切人力、物力、财力的能力，还要通过全盘规划才能对黄河实现有效的治理和控制。此外，中国的自然条件决定了水、旱、蝗、冻等自然灾害不断，饥荒经常发生。据一项统计，中国在民国前的 2270 年中，发生旱灾 1392 次、水灾 1621 次，几乎年年有灾，饥荒发生率是很高的。在国家不统一的情况下，曲防、遏籴①作为各国竞争的战略手段，人为制造灾难。有了统一的政府，可以调动全国的力量进行赈灾，这对百姓是个最低保障。其次为了应对人祸。国家不统一就会战乱频仍，而战争是社会成本最高昂的行为，并且这些代价最终必将由老百姓来承受。因此，从生存经验出发，支持统一是中国老百姓的最好选择，"宁为太平犬，莫作乱离人"反映的就是这种心态。

农业生产方式中最主要的生产资料当然首推土地，土地没办法搬来搬去，所以人也就终生固守着一个地方，何况有土地的地方已经早都有

---

①　见《孟子·告子下》。"曲防"意为到处构筑堤防使洪水损害邻国，"遏籴"意为阻止邻国采购粮食。

人占用了，你想移动也找不到空闲无主的土地，这样就形成了一个在农业社会特有的现象，一个村子一个姓，因为整个村子最初是由某一户人家繁衍而来的。这样的村子辈分很明确，半点都不会乱的。凡是农业社会一定有尊老的传统，为什么？很好解释，因为粮食产量的高低除了与天气、土地面积有关之外（在同一个村子住的人在这两方面几乎不会有什么差别），最重要的影响因素就是劳力和经验（在当时科技和机械基本与他们绝缘），谁同时拥有劳力和经验谁就最受尊崇。有经验的是老人，有劳力的是男人，所以一个村子和一个家庭里最有地位的就是那里的"老男人"。总之，农业社会尊重老人和辈分大的人，辈分大兼年龄大的人地位最高，以此类推，在这样的社会中，一个家和一个村的人都分为三、六、九等，古代中国也就是仿照家和家族的模式构建的，即所谓"家国同构"。皇帝是万岁爷，地方官是父母官，他们管老百姓，老百姓是子民，而且官员内部也分尊卑。所以，这样的社会自然就具备实行专制的思想基础，再加上现实生产的需要，主要是农业很脆弱，如果是国家不统一，常年混战，庄稼很可能被偷被抢，甚至农田被当作练兵打仗的好地方，还有农业要解决交通和灌溉问题，这些都不是靠个人所能解决的。所以老百姓是两害相权取其轻，宁可每年缴纳为数不少的粮食去养着一个大一统的政府和一群如狼似虎的衙役官差，也不愿因为国家不统一使自己家颗粒无收进而全军覆没。再说谁也保不准遇上自然灾害的年景，没有政府就只能干等着饿死，有政府还可以得到赈济。所以大家请注意，不是咱古代老百姓愚昧，喜欢被人家统治，而是这种政治统治方式是这种特定生产方式下唯一的最优选择。

西方就不同了，商品经济要想健康运行，有一个很重要的前提就是买卖双方地位平等，如果不平等这买卖没法做。我们日常生活中经常会拿某个商人开涮，说他奸诈到了六亲不认的地步，连自己的亲爹娘去买他的东西，他都不肯少收一分钱，殊不知这才是真正符合商业精神的。说明在卖者的心目中，即使是亲爹娘也只是一个顾客，和自己的地位是完全平等的。再加上经商者今天走到这个城市，明天转到那个城市，商人根本不会有尊卑贵贱的差别意识，尽管来买东西的都是上帝，但是上帝只是买他东西的那一刻是，过期不候。所以在他心目中已经牢固地认定人与人就是平等的，没必要长期认个老大管控自己，所以西方最早产生平等观念和民主政治。

当然古希腊直接民主制的产生有很多特殊原因，第一，特殊的地理环境，多山封闭造成陆路交往的不便是前提。一个中心城市再加上周围若干个村镇就是一个独立的城邦，颇具小国寡民的特色。第二，以工商为主的生产方式造成人们见多识广和人人平等的观念。古希腊在氏族公社解体初期实行的也是贵族政治，只是后来在平等观念已经深入人心的广大人民的多次抗争之后，经过一些有识之士的改革才形成了民主体制。第三，古希腊的民主只是奴隶主的民主，奴隶是被排除在民主之外的，这一点和我们现代人理解的民主不同，它只是一种原始性的直接民主制。尽管古希腊的民主制度有这样和那样的缺陷，但它体现的是契约原则在西方社会建构中的最早应用，表明希腊人的国家观念与中国人的家国一体观念已经有了根本性的分歧，毫无疑问，资本主义的资产阶级民主政体就是古希腊民主政体的直接继承。

三　文化特征

如上所述，中国文化是一种大陆民族文化，由于受自然环境的限制，长期与外部世界半隔绝，逐渐发展成为一种基本上没有广泛吸收古代其他异质文化，以独特的方式形成和发展起来的半封闭性文化。它使中国长期自以为处在世界的中央，铸造了中国人独特的世界观和文化心理。华夏文化侧重的是政治文化，通过各种政治手段实现政治大一统的同时，也非常强调文化的大一统。此外，华夏文化在不断强化内向凝聚的过程同时，也重视和强调不断地外向辐射。他们通过自己高人一筹的文化，最终征服了化外之民，将夷狄戎蛮等少数民族融化成了一个共同的民族。

而古希腊作为海洋民族文化的典型，由于自然环境的便利，长期与外部世界交流频繁，成为广泛吸收古代西方和东方多种异质文化，以多元并存、多向交汇的方式逐渐发展起来的开放性文化。"在希腊文化中，几乎没有什么文化因子是不能追溯到外族源头的。"[1] 因为古希腊文化承认多中心，这使得他们无法造就大一统文化，作为一种侧重思想自由、喜欢标新立异的文化，即使在希腊本土各城邦的文化都不统一，就更无

---

① ［美］拉尔夫·林顿：《文化树》，何道宽译，重庆出版社 1989 年版，第 163 页。

法要求在其他本来就有着自己传统的地方保持纯粹的希腊文化。

四　伦理思想方面

中国社会是一个典型的宗法社会，基本特征是在政治、经济、道德、教育等社会生活的各个方面都以父系家长制的家族为本位，统治者对国家的治理是通过家族实现的。中国的伦理思想之所以以家族为本位是因为：首先，农业生产的特点决定了中华民族安土重迁，聚族而居，没有发生过频繁的民族大迁徙。其次，中国的原始社会时间漫长，氏族组织结构发展比较成熟，血缘亲属纽带极为稳定。在从原始社会向奴隶社会过渡的过程中，所采用的是和平方式，所以我国氏族社会解体很不充分，宗法制度及其观念大量残留并一直延续下来。中国传统的社会结构是以自然经济和农业文明为基础的、以血缘家族为纽带的、以集权主义为核心的垂直隶属型社会结构。社会的基本单元是众多的血缘家庭，众多的血缘家庭隶属于星罗棋布的家族村落，星罗棋布的家族村落隶属并服从于若干地方政府，而若干地方政府由中央委派官吏行使职权，中央集权制的顶峰是皇帝君临天下。国也是按照家的模式来治理，家是国的细胞，国是家的扩大，家国同构。统治者十分注重维护家庭的安定与和谐，因为家庭家族的安定是国家安定的基础。

这种社会结构决定了社会伦理的基本价值取向，那就是强调以家族为本位，要求个人对集体的服从。家族伦理以重孝、贵和、本分等为基本要求，更突出责任和义务，以三纲五常为核心。所以，从政治上讲，家族伦理不承认人人具有平等的人权，而是规定国君和家长具有无上的权力，作为臣民和子女只能服从别人的主宰和支配，却没有人格的独立和权利的平等。这种伦理条件下当然不可能有民主政治的产生，只能是家长制和君主专制。从经济上讲，家族伦理使人们从小养成对家长和家庭的依赖习惯。在一个家庭里，做子女的应该如何劳动和生活完全是由家长决定，自己则无须想什么也不能想什么，无须决定什么也无权决定什么，这助长了人们的依赖性，伤害了人们的创造精神。好处是可以加强家族乃至民族的凝聚力，发扬家庭成员之间相互关心、相互尊重的精神，有利于社会的安定团结。

古希腊地区由于很早就致力于发展手工业和商业，人们聚集在一些城邦中生活，经常流动和迁徙，再加上从原始社会向奴隶社会过渡时采用了革命手段，脱离氏族社会的影响比较彻底，没有形成宗法制度，思想上也没有家族主义色彩。西方的家族组织一般是以夫妇为中心的核心家庭，子女婚娶后便离开父母独立生活，家庭有自己的财产，父母死后财产根据遗嘱可以传给子女也可赠予别人，因此家庭比较松散，家庭对个人没有多大的约束力。西方人一般不是以家庭名义而是以个人身份参与社会活动，社会的基本单元是个人而不是家庭，若干个人组成一定的社团，若干社团以契约原则组成城邦，最后由国家来管理城邦。

因而他们的伦理是以个人为本位的，特点是尚自由、重平等。个人是社会的一个原子，不依靠任何人而存在，个人有个人的权利，任何人都不能侵犯，群体、国家、社会只是一种契约，只能行使由人们交出并委任他们行使的那一部分权利，群体、国家、社会只能是个人实现价值的一种手段。出于自由和平等的需要，以个人为本位，西方伦理所追求的首要原则是公正，这形成了他们重视法律和契约，不讲私人情面的传统。西方人重公理，其长处在于各项制度具体明细，按章办事，彼此之间的责权利界限明确，各尽其责、各有其权、各得其利；不足之处是人与人之间关系冷漠，社会生活缺乏人情味。

五　民族性格

形成中国人内向保守型性格的基本因素主要是自然环境、文化传统和经济形态。第一，中国东临大海，西北横亘漫漫戈壁，西南耸立着世界屋脊青藏高原。一面临海三面环山的内陆环境，形成一种天然的隔绝机制，与外部世界交往不多，而且由于中国文化早期形成较高的势能，中国人很难想象在世界上还会有与自己处于同样发展水平甚至更为先进的异域文化，他们不仅没想到向外界学习甚至不愿也不屑于去了解他们。第二，中国的文化传统以儒学为正统，儒学在个人修养上，主静、庄敬、慎独，容易形成内省型人格；儒学维护宗法礼制，强调上下尊卑的伦理秩序，抑制个人自由。需要指出的是，中国的保守并非天生就是如此，春秋战国时期就出现了百家争鸣的开放交流，并在文化上获得了突飞猛进的发展，只是到了秦汉以后，统治者推行"罢黜百家、独尊儒术"的文化专制主义政策，片面强调文化价值的认同，排斥异己。可见统治者的文化专制政策加上儒家文化自身的保守精神是形成后来中国人保守自足性格的文化原因。第三，中国的传统经济形态是自给自足的农耕经济，人们以家庭（家族）为单位，祖祖辈辈依附于或大或小的一块土地，靠辛勤劳动获取基本的生活资源，安土重迁，与外界联系很少。加上古代交通也不发达，古人的活动范围大约不过方圆二三十里，从小就在那个熟悉得不能再熟悉的环境下长大，就像歌里唱的"山也还是那座山，梁也还是那道梁，碾子是碾子哟缸是缸"。这是传统中国社会农村人的形象，他们少见新事物，甚至有某个外来人路过村口，他们都会围观，像看西洋景似的，直到看得人家不好意思。任何新奇的想法在他们看来都是奇技淫巧。这样，在相对闭塞的自然环境、相对稳定的农耕经济和相当刻板的礼教观念及宗法制度的综合作用之下，就形成了古代中国人内向保守型的民族性格。

古希腊人的民族性格就是另一番景象了。首先，古希腊文化本身就是多种文化交汇的结果，早在希腊文化产生之初，它便从地中海沿岸及西亚地区的各种先进文化中汲取了大量的营养，从而促进了自身文化的繁荣和发展。这种开放的交互影响的文化环境，使西方民族从一开始便形成了兼容并蓄的心胸。其次，工商业为主的生产方式需要创新的思维和技术。在工商业中，谁先发明发现一种新技术、新能源谁便能在激烈的竞争中抢占先机，并因此赚取更多的财富。所以在这种社会里，人们热衷于追求新奇的东西，有谁发明个新点子、新技术、新方法，那就高兴极了，必须想方设法用在自己的厂子里，他们巴不得全天下所有先进的技术都能拿来为自己所用。经营商业的人都希望顾客盈门，没人喜欢门可罗雀，顾客来得多就意味着来登门送钱的人多，所以他们就渴望和喜欢人多，看到人多就兴奋，巴不得全世界的人都能来买他的东西。因此，他们的思想当然就开放，就喜欢挑战。最后，外向型的经济发展模式进一步开拓了文化的影响力。西方文化的开放性不仅表现在主动吸收各种外部文明为我所用，还表现在积极向外渗透和输出。西方人的扩张传统从古希腊人开始就已经大行其道了，为了开发农业生产基地和市场，古希腊人不断对外扩张征服和殖民活动，并同时伴随着文化观念和生活方式的输出，因此这是一种典型的外向型文化。这种文化的优点是不满足现状，有利于实现文化的不断更新发展，缺点是难以发展成为成熟完美的文化境界，一切文化要素和价值都像是昙花一现、过眼烟云。

六　家居生活

安土重迁，意即安于故土，不轻易搬迁的意思。作为中华文化的一种重要特色，安土重迁体现出来的是农业文明的特征。在以农耕为主的生产方式下，农业民族对土地的依赖远胜于游牧民族，上古时代黄河流域肥沃的土壤孕育了中华民族，也使中国人习惯于在故土从事周而复始的自产自销的农业经济，习惯于这种自然经济所带来的安宁与平静。"鸡犬之声相闻，民至老死不相往来"，既是农民自身的要求，也是统治者的需要，因为社会细胞的自我封闭和彼此独立，对于行外儒内法的统治者而言，无疑是上佳的统治状态。在安土重迁的文化心态下形成的小农意识，一方面，表现为胸无大志，老婆孩子热炕头，成为普通中国男人的最高人生理想追求。另一方面，就是对霸权的反对和反抗。自古以来，中国人就反对霸权，提倡王道。对于杀人盈野、盈城①的战争深恶痛绝，对于外族的入侵也极为排斥。因为战争必然伴随着离乱，离乱就意味着要离开生于斯、长于斯的故土，到一个完全陌生的地方，去过一种完全无法预知的生活，意味着原本幸福团圆的一家人从此将天各一方也许永远没有再团聚的可能。这是所有传统中国人都不愿面对的局面。

如果说古代中国是一个以血缘家庭为纽带的社会，那么古希腊则是以地缘政治为基础的城邦社会，由于古希腊城邦土地贫瘠、空间有限以及在这种环境中经济作物的栽培受局限、优良便利的海上交通和周边文明地区交往等一系列条件，使得古希腊由原始社会向文明社会迈进时就注入了商贸经济和海外殖民的因素，从而解体了建立在血缘关系与自然经济基础上的世代守土定居的生活方式，大大加剧了人们的流动性，形成了以城市为中心的地域社会结构。具体原因主要是：第一，次生的商品经济模式完全改变了原生的自然经济模式。在古希腊的原始社会也是以自然经济为主，但由于人口增长和土地狭窄贫瘠的矛盾，古希腊人不得不另觅生活出路，优越的海上交通为其海上贸易提供了得天独厚的条件。同时在城邦内部，中心城市和周边乡村之间也在进行频繁的大规模

---

① 见《孟子·离娄上》。"盈野"意为遍布原野，"盈城"意为遍布城池。

商品交换，其范围除了粮食等生活资料，更大量的是作为酿酒和榨油原料的葡萄和橄榄、作为制陶资源的陶土、作为建材资源的大理石和石灰石、银矿石等。这些城邦之间以及城邦内部城乡之间的大规模的交换大大增强了人们生活的活动区域和流动性，扩展了人们的视野。这一方面从观念上完全冲破了血缘关系的尊卑观和特权观，在客观上也造成不同氏族的居民向城市和本土之外地区的聚集定居。第二，主要原因是大规模的移民。由于母邦所能容纳的人口规模限制，伴随着希腊对外殖民扩张的是大规模的强制性海外移民，这使得血缘为基础的氏族社会遭到更加彻底的破坏。在迁徙过程中，为了安全考虑，不要说整个氏族整体搬迁做不到，甚至连整个家庭整体搬迁的机会都很少，一般是每户抽一个人。因此在新开辟的城邦中来自不同地区、不同部族的移民汇合在一起，一种全新的以地缘为基础的社会组织完全取代了原有的氏族体制。总之，不论是在各个母邦还是新开辟的子邦，希腊人的社会组织结构都不再是以血缘亲属集团为基本单元，而是以不同阶级、职业或不同地区的人组成的政治、经济集团为基础，这也就是古希腊民主政治体制得以建立的社会基础。

七 与自然、外邦的关系

中国文明发源于气候温暖、地厚土肥的大河流域，优越的自然环境使人与自然的关系处于相互依存之中，即人只要顺应自然，在自然的赋予中利用自然就可以获得生存。这样，人与自然的关系是和谐对应的协调关系，因而在人与自然的关系上，中国古代思想家提出了天人合一、顺天应物的思想。中国传统强调人是自然界的一部分，人与自然是一个统一的整体，是一种自然协调、平等相处的关系，它们和谐地并存发展。儒家强调超越自然，化自然为人文，化天性为德行，从而达到道德上的完美。道家则认为自然本身即是完美状态，主张道法自然，二者互补构成中国传统文化的基石，二者的主导思想都是天人合一。中国人由于不必在探索自然方面下更大的功夫，因而就有条件把更多的精力放在研究人文问题方面，所以，历代思想家们关注得最多的就是人文科学，就是如何想方设法治人。

古希腊的地理环境不像中国是宽广的大陆平原，提供的天然物质资料不是很充裕，人们必须努力探索自然的奥秘，从而尽可能多地从自然界中获取人们生存所需要的各种生活生产资料。因而探索自然界的奥秘，开发和利用自然资源服务于人类自身就成了古希腊人和后来西方精神的主流。在对自然的认识上，主张天人相分，将人和自然的关系看成是一种对立的关系，注重认识自然、改造自然、征服自然，这种对自然界的探索欲和征服欲也促进了自然科学的诞生。

以家庭为基础单位的社会结构决定了中国人的社会存在首先要依存于以血缘关系为纽带的家庭和宗族集团，个人利益的满足是以无条件地将自己的命运和利益都托付给所属的群体为前提的，个人利益和家庭家族利益息息相关，因此在中国古代"一人得道、鸡犬升天""一人犯罪、诛灭九族"的情况非常普遍，这在外国人眼里简直不可思议。在处理对外关系上，中国文化从群体价值目标出发，用中庸、中和的价值原则协调人际关系和国际关系。汉民族性好和平，有不尚征伐、不喜穷兵黩武、反对侵略扩张的传统。中华民族历来以天朝自居，注重维护自己的民族独立，缺乏向外扩张的意识，认为人应有宽广博大的胸怀，要有容人之量，主张协和万邦，重视感化的力量，以德感人、以德服人，历史上著名的"诸葛亮七擒孟获"的故事是人们所极力推崇的。在处理民族关系中，通常优先采用"和抚四夷"的怀柔政策，在发生民族冲突时也多采用以防御为主的绥靖政策，或先礼后兵、攻心为上。中国历史上的对外战争大多是被迫抗击侵略的，华夏民族最终战胜异族的方式往往是在忍受被统治中利用自己在文化上相对优越的势能同化对方，由此才有了融合众多民族的统一大国。

古希腊人则在长期你死我活的激烈商业竞争和不断开拓疆域的对外征服中形成了勇敢善战、冒险扩张的精神和征服世界的膨胀野心。可以毫不夸张地说，一部古希腊的历史就是一部殖民扩张史。希腊人的居住地可以分为三部分：希腊半岛、爱琴海诸岛和小亚细亚沿海；黑海沿岸各地和黑海口一带；南部意大利、西西里岛、高卢和西班牙沿海个别地区以及北非沿岸的东部地区。希腊半岛、爱琴海诸岛和小亚细亚西部沿海是希腊人较早的居住地，其他地区都是后来迁徙去的。但即使是较早的居住地也是在大约公元前2500年开始希腊部落由北方多瑙河一带南下强行占领的。大约公元前12世纪占领整个希腊半岛，公元前9世纪时占领爱琴海诸岛和小亚细亚沿海。希腊人向黑海和地中海沿岸各地的海外殖民运动发生在约公元前 750 年—公元前 550 年。关于古希腊不断向外殖民的原因，修昔底德有过分析，古代的希腊人由于生产力非常低，"他们利用土地，只限于必需品的生产；他们没有剩余作为资本，土地上没有正规的耕种"。[1] 所以在遇到外来的侵略者或者人口增多时，他们就会大量地殖民到海外去，因为"他们相信在别处也和在这里一样，可以获得他们每日的必需品，所以他们对于离开他们的家乡也没有什么不愿意的"。[2] 最具代表性的城邦就是斯巴达，斯巴达人全都是战士，斯巴达就是一个战士公社，其教育制度带有浓厚的军国主义色彩，目的就是把每一个斯巴达人培养成最优秀的战士，斯巴达人从幼到老一直都是战士。小孩子一旦长到 7 岁就全部编入连队，接受军营式的训练，20 岁正式成为军人，斯巴达人把强健和勇敢视为良善，战死沙场是最高荣誉。这种尚武精神所渗透的以强凌弱的征服欲，虽然给古希腊带来成功、骄傲和辉煌，却也带来了各城邦之间以及各城邦与周边地区的相互敌视与嫉恨，最后导致古希腊的灭亡。

---

① ［古希腊］修昔底德：《伯罗奔尼撒战争史》（上册），谢德风译，商务印书馆 1960 年版，第 2 页。
② 同上。

第 三 章

中西信仰价值观比较分析

在第二章我们分析了古代中国和古代希腊在文化价值观方面的种种差异，接下来的各章是在此基础上进一步比较和分析现当代以来中西方在文化价值观方面的差异，以及运用唯物史观的方法剖析和阐释造成这种差异的物质根源。在分析这一问题之前，有两个问题需要说清楚。一个是所谓的西方是指哪些国家和地区；二是西方文化价值观和古希腊究竟有多大的渊源和关联。

先说第一个问题，从地理、经济与政治意义而言，西方主要指欧洲与北美国家美国、加拿大、澳大利亚、新西兰等。从渊源和构成上，西方文化由四个亚文化组成：其一是地中海文化，这是西方文化的起源，以地中海区域的古代希腊、古罗马为主；其二是西欧文化，即大西洋文化；其三是东欧文化，欧亚大陆的欧洲东部地区，地跨欧亚两大洲的俄罗斯曾经建立沙俄帝国的势力范围；其四是北美大洋洲文化，包括美国、加拿大等，是在15—16世纪新大陆发现和海上航线开通后，由大量欧洲移民移植过去的。此外，日本近代以来学习西方社会思想，提出"脱亚入欧"的口号，在经济、政治等许多社会领域方面具有一些西方文化的特点，但是一般我们还是把日本的文化类型归属于东方。

关于第二个问题，欧洲南部的地中海是整个西方文明的起源地，古希腊人从公元前8世纪起以爱琴海为中心创造了爱琴海文明，该文明在公元前5世纪中叶希波战争结束后达到最辉煌时期，直到公元前4世纪才开始衰落。罗马人在征服马其顿和希腊后于公元前2世纪中期建立起罗马共和国，古希腊的文明成果被罗马文化成功保存和继承，并在此基础上进行创新。公元前30年罗马改为帝国，罗马帝国又经历了两个世纪的发展逐步衰落，分裂为东、西罗马。西罗马帝国的诸民族形成相近的文化传统就是日后西方文化的根基。大约自 12—16 世纪前后，西方文明中心从地中海地区转移到了西欧，形成大西洋文化，原来的古希腊、古罗马文化也逐渐融入大西洋文化。宗教改革以后，启蒙主义等各种思潮不断从西欧向东扩散，东欧各国受到极大影响，进入近代社会，随着工业化推进，东、西欧国家之间联系愈加紧密，相当多的东欧国家也已经融入大西洋文化之中。北美洲的美国和加拿大是近代西欧实行殖民扩张的产物，虽然长期存在文化的多元性，但欧洲文化一直在这些地区占据主导地位。

以上是古希腊文化和西方文化的渊源和联系，当然我们今天讲的西方文化除了有古希腊文化的基因之外，还有后来在不同历史发展时期的不断充实和创新。所以如果给西方文化下个定义就是，西方文化是相对于以中国文化为代表的东方文化的，以西欧、美国为主要代表的西方国家的文化，体现在宗教信仰、价值观、语言文字、文学艺术、科学技术等层面。它从古希腊文明甚至更早开始，经过罗马帝国、中世纪、文艺复兴、工业革命、资产阶级革命、近代科技革命传承至今，是当今地球上最发达国家的文化体系。主要构成成分有：①包括语言文学、哲学、历史学、建筑、艺术、法律和政治制度在内的古代希腊—罗马文化。②以虔诚信仰为核心的犹太教和基督教文化。③带来风俗习惯和民主传统的日耳曼文化。④伴随商业交往、宗教热情和殖民冒险发展起来的资本主义文化。本章就是从带有根本性意义的层面分析中西价值观的差异，其中包括中西文化的本质特征：一个是德性文化；另一个是智性文化，中西方人们在对真、善、美的理解上存在的差异以及他们之间不同的宗教信仰。

第一节　"德性文化"和"智性文化"

有这么一个故事：七个人分一锅粥，你有什么办法实现公平与和谐？方法一，由一个人负责分粥。结果总是主持分粥的人碗里的粥最多最好。方法二，大家轮流主持分粥，每人一天。结果是每个人在一周中只有一天吃得饱而且有剩余，其余六天都饥饿难挨。方法三，大家选举一个信得过的人主持分粥。开始这位品德尚属上乘的人还能做到基本公平，但不久他就开始为自己和溜须拍马的人多分。方法四，选举一个分粥委员会和一个监督委员会，形成监督和制约。公平基本上做到了，可是由于监督委员会常提出多种议案，分粥委员会又据理力争，等分粥完毕时，粥早就凉了。方法五，每个人轮流值日分粥，但是分粥的那个人要最后一个领粥。令人惊奇的是，在这个制度下，七只碗里每次的粥都一样多，就像用科学仪器量过一样。

就文化传统而言，中国人似乎倾向于采用第三种方式，中国人相信德性的力量；西方人则倡导第五种分粥方法。西方人相信，每个人都是自私的，只有制度才可以真正做到公正。分粥方法上的不同取舍呈现的正是观念思维上的差异，这种差异性体现在政治、法律、道德、艺术、宗教、哲学等上层建筑的各个领域。从文化形态类型特征上看，中国文化孝亲敬祖、尊师崇古、修己务实、乐天安命，具有明显的伦理性特点；西方文化重心不在人伦关系，而是注重对自然和思维奥秘的探究，崇尚思辨实证，宇宙理论、形而上学和科学思维得以充分发展。张岱年先生说："如果把西方文化视为'智性文化'，那么中国文化则可以称之为'德性文化'。这种说法有一定道理。"[1] 中国文化重"德"的伦理性特点得到了认同，西方文化注重物质利益和分析实证的"智性"特点也得到了认同。

一　作为"德性文化"的特点

作为文明古国，中国显然比西方早熟一些。西周之前，支撑中国政治架构的社会基础就已经初步形成。以血缘关系为纽带的宗法体制，包括嫡长子继承制、庙数制、分封制等日臻完善，家国同构的社会政治生态基本定型，至秦始皇统一六国，家天下的君主专制中央集权政体得以代代延续，成为中国社会的基本政治范式。和西方不同的是，中国君主专制政体立足于血缘宗法关系和严密的官吏体制，统摄宗教学术思想，推行儒学，主仁重义修身重教，推行纲常伦理，从而形成文化上的伦理型范式，其凝聚力极为强劲。

---

① 冯天瑜等：《中华文化史》，上海人民出版社1990年版，第232页。

伦理范式的核心是"仁"。"仁者，爱人"。孝悌是仁之本。《中庸》引述孔子的话："仁者，人也，亲亲为大"。"亲亲"就是孝敬父母。由"亲亲"出发，推广为普遍的爱，其实践的方法就是"忠恕之道"。"己欲立而立人，己欲达而达人"是忠，"己所不欲，勿施于人"是恕。这种推己及人，由亲及疏，由近及远，由家庭到社会，从而达到"泛爱众而亲仁"，"博施于民而能济众"的普遍的爱，衍生出君子人格、民本意识和仁政思想。

从"仁"的思想出发，崇德尊长，认为德治高于法治。孔子说："道之以政，齐之以刑，民免而无耻；道之以德，齐之以礼，有耻且格。"[①]以行政法令来约束百姓，固然可以使百姓免于犯罪，却未必能使百姓有羞耻之心。用道德礼仪去教化百姓，不仅能令百姓懂得礼义廉耻，而且还能让百姓对你有亲近感，心悦诚服地接受管理。讲信修睦，孝悌人伦成为"为政以德"的社会基础。

在人与自然的关系上，认为人可以与自然"合其德"。"天命合德"的观念，与西方文化注重人与自然的对立迥然不同。北宋哲学家张载《正蒙·乾称篇》里有一段精辟的话："乾称父，坤称母；予兹藐焉，乃混然中处。故天地之塞吾其体；天地之帅吾其性。民吾同胞，物吾与也。"张载在这里把天地看作父母，把百姓看作兄弟，把万物看作是朋友。将人伦的观念贯彻到了天地万物之中，这正是中国文化伦理性的典型特色。

文化的伦理性作为社会心理状况的理论升华，使得伦理道德学说成为学术和哲学的中心，诚如梁启超所言："儒家舍人生哲学外无学问，舍人格主义外无人生哲学。"[②] 西方学术以求"真"为目的，宇宙论、认识论、道德论各自独立发展，中国古代的知识论和道德伦理学说却混融一体。外在的自然界既未被当作独立的认知对象与人伦相分离，以外物为研究对象的科学便遭到冷遇和压抑，自然科学、分析科学因此难以获得充分发展，伦理道德学说却绵延不断，甚至成为众多学科的出发点和归宿。政治学成为道德评判，政事被归结为善恶之别、正邪之争、君子小

---

① 《论语·为政第二》。
② 梁启超：《饮冰室合集·专集之五十》，中华书局1989年版，第69页。

人之辨；文学强调教化功能，成为载道工具，史学往往以寓褒贬辨善恶为宗旨；教育更以德育居首，……至于哲学在中国文化体系中则往往与伦理学相混融，主要是一种道德哲学。

二　作为智性文化的特点

和中国文化偏重道德伦理不同，西方文化偏重理性分析，求"真"的意味浓厚。主客二分、心物对照的哲学思维，将自然界纳入探究的视野，格物致知的途径是外求而不是内省。作为西方文化的策源地，古希腊罗马文化和希伯来文化因其特定的地域环境和生存的需要，特别重视征服自然、控制自然、趋利避害。冒险探究的过程中，积累起了对于知识的渴求和个人能力的张扬，征服意识、冒险精神、理性思维成为西方文化的主要基因。古希腊人的城市文明衍生出民主法制的传统。基督教文化在典章制度、节庆习俗、礼仪规范、思想信念等领域烙印着浓郁的宗教色彩。文艺复兴运动之后西方文化逐渐定型，从科学革命、思想启蒙运动到 19 世纪工业社会扩张征服的意欲一路膨胀，其出发点是人文主义，核心是理性和科学，特点是利益至上、天人相分、个人本位。

利益至上的典型特点是征服与被征服。米洛斯、迈锡尼时代就已经初见端倪。威尔·杜兰在《世界文明史》中写道："先前的神和崇祀他们的人，都被后来的神和后来的人征服了……被击败的神并没有被消灭，而是退居于臣属地位，他们惨痛的退隐地下，仍被一般人所崇拜，而获得胜利的奥林匹斯山诸神，则高居山顶，接受贵族的崇祀。"希腊人的英雄崇拜和希腊神谱中的诸神为了权力地位的挑战和被挑战，是基于力量的肯定，更是基于利益的诉求。在挑战与被挑战的过程中，只有基于胜利者的肯定，而不会产生基于叛逆行径的批判。叛逆者反而因为挑战成功而变得强大和富有魅力。"这种维持神系更新和发展的自我否定机制使希腊神话表现出一种新陈代谢和以变革为本质的社会进化思想"。① 希腊神话中演绎的这种权利更迭尽管充斥着暴力和血腥却并无道德的羁绊，反而成为一种文化精神和传统，既是西方自然演化观念的朴素体现，又

---

① ［美］威尔·杜兰：《世界文明史》，幼狮文化公司译，东方出版社 1999 年版，第 233 页。

成为其尚武角力、冒险探究、扩张征服的酵母，影响极其深远。

天人相分是哲学思维和认识论上的特征。基于主客二分、心物对照的思维，将人与自然的关系看成是一种征服与被征服、索取与被索取的关系。基于生存的需要，人必须从自然界获取生活资料，为满足生存而探究自然、开发自然、控制自然、利用自然，由此形成追求知识、探究奥秘、创新求变的理性思潮和科学主义。思辨哲学、自然哲学、精神哲学均以求"真"为学术范式，体系完备逻辑严密的学术体系和学术传统得以发展。从泰勒斯、苏格拉底、柏拉图、亚里士多德、德谟克利特、毕达哥拉斯到中世纪的奥古斯丁、托马斯·阿奎那以至培根、休谟、笛卡尔、康德、黑格尔都致力于建构逻辑严密的知识体系，理性与科学思维一脉相承。作为"智者运动"的哲学家本质上都是学术大师和科学家，甚至艺术家，如绘画、雕塑也烙印着严密的科学思维。

个人本位的典型特征是个性独立、利益分明、自由平等，滋生的土壤仍然是古希腊罗马的文化传统。古希腊人的"英雄崇拜"和城邦民主制度形成了以人为本、以人为中心的思想特征。经历了基督教神学人性压抑之后，文艺复兴运动以张扬个性、自由解放为旗帜，标志着人本思想的回归，启蒙运动进而提出自由、平等、博爱的观念，突出个性价值、尊重人身权利的价值观念得以普遍确立。

除此之外，基督教在意识形态的众多层面也深刻影响着西方文化形态，礼仪、习俗、节日、精神、心理等方面所呈现出来的宗教色彩也昭示着西方文化充满宗教性特征。

三　作为社会意识形态的文化生成条件的差异

一般而言，文化的生成主要由广义的地理环境所决定，不同的地理环境衍生出不同的文化。文化生成的地理环境包括自然地理环境和人文地理环境。自然地理环境如气候、地形、地貌、植被、海陆分布等，人文地理环境，如疆域、政区、民族、人口、城市、交通、生产方式等，前者的影响可能是缓慢的但却是本质上的，后者的影响往往是比较直接迅速的。

中国的地理环境特点是，处于中纬度，气候温和，雨水丰沛，地域辽阔，非常适宜农业耕作。区位特点是：西有葱岭帕米尔高原阻隔，南有喜马拉雅山脉横亘，北有大漠流沙，东南濒临海洋，这种半封闭式的地理环境在古代是天然的屏障，既阻挡了外来文化的入侵，又形成了稳定和平的生活空间，中国人在此日出而作，日落而息，衍生出发达的农业文明。农耕生活模式养成了依赖自然环境、重农轻商、安土重迁、追求稳定和平、重视人伦家庭的传统。宗法制度、集权思想、朴素宽容、孝亲忠君、爱好和平以及"后瞻式"思维方式都是从这种特定的经济模式和生存方式中诞生的。

作为西方文化源头的古希腊古罗马都处于地中海半岛上，面积狭小，缺乏广阔的土地空间，仅靠农牧业无法满足社会生存，而临海的环境、发达的海上交通则为他们提供了航海贸易的便利。生存环境的艰难对谋生能力提出了更高的要求，远行冒险、开拓求新、崇尚武力不仅需要力量、勇敢，更需要知识、科学和探究自然奥秘的精神。西方文化的基本形态正是这种地理环境和人文环境的产物。

一定的上层建筑总是在一定的经济基础上形成的，作为前提和基础的社会存在包括地理环境、人文环境尤其是社会生产方式共同影响并决定着文化形态和政治形态。中国文化的伦理性特征和家国同构的政治结构是由中国所特有的农耕生活环境决定的，西方文化的智性特征和政治生态自然也应该从这里得到诠释。

四 作为社会意识形态的文化精神和功能性差异

重人伦轻自然和重理性科学的分野使得中国和西方走上了不同的发展模式，各自的思维方式、价值观念、人格诉求呈现巨大的差异性。曾志在《西方哲学导论》一书中对中西方哲学的差异性作了这样的表述："西方哲学重物质，中国哲学重精神；西方哲学重认识论，中国哲学重伦理；西方哲学强调主客二分，中国哲学强调天人合一；西方哲学属于'罪感文化'，中国哲学属于乐感文化。"① 尽管这只是从哲学层面上所作的简单概括，但中西方文化的思维方式、价值观念、人格诉求上的差异性已然清晰展露。

作为社会意识形态的重要内涵，文化精神对社会的影响是全方位的

---

① 曾志：《西方哲学导论》，中国人民大学出版社 2008 年版，第 5 页。

也是最深刻的。德性文化主"仁"，由"仁"及"善"，由"善"及"义"，"君子喻于义，小人喻于利"。舍利取义是人格修养和精神境界的升华，由此形成中华民族宽厚包容、谦逊自律、凝聚整体、以和为贵的文化品格，舍生取义、自强不息、刚健有为、直面生活的韧劲和乐观向上的精神面貌都由此而生。但这种基于经验感性的思维模式，没有形成严密的知识体系，而"仁"的思想也阻碍了法律秩序和民主精神的诞生，这是中国德性文化的负面价值。

与此对应的智性文化强调个性，突出利益，法制民主精神得以彰显，探究创新、开拓进取的意识得以强化，长于知识建构和逻辑分析，与"述而不作"的中国学术相比，更具推动文明进步的活力。但物欲膨胀无益于人与自然的和谐，征服扩张无益于和平共处，西方文化中负面因素同样需要扬弃。

小结

正如生物的多样性一样，人类文明的孕育生成也因其土壤背景的差异而呈现为各自不同的形态。和自然界不同的是，不同背景的文明因其思维方式的差异，对于彼此之间交汇相遇的前景并不总是那么一致。亨廷顿"文明的冲突"和孔夫子的"和而不同"所揭示的不仅是见解和观点的差异，也是其文明特质迥异的明证。

可以互相参照却不可以互相鄙薄，可以互相借鉴却难以改弦易辙，可以相互包容却不应该相互排斥，因为文化的生成不是人为的而是历史的自然的。文化的自信是道路的自信、发展模式的自信，而文化的自豪则更是由一种自强不息的信念在支撑。

第二节　中西美育价值观差异与分析

唯物史观认为，物质生活资料的生产劳动是人类社会存在和发展的基础。劳动者和生产资料始终是生产的因素，两者的结合形成生产力。人们在发展生产力时也发展着一定的生产关系，生产关系进一步拓展就构成为社会关系。生产关系和社会关系的性质随着生产力的改变而改变。人们首先必须吃、喝、住、穿，然后才能从事政治、科学、艺术等活动；

所以每一个历史时代物质生活资料的生产以及由此产生的社会结构，是该时代政治和思想的基础。

结合马克思主义唯物史观，我们一起来了解一下，古代中西方在美育方面的差别。所谓美育，亦称审美教育，是一种按照美的标准培养人的形象化的情感教育。它以特定时代、特定阶级的审美观念为标准，以形象为手段，以情感为核心，以实现人的全面发展为宗旨。通过美育，可以使人具有美的理想、美的情操、美的品格、美的素养，具有欣赏美和创造美的能力。美育是审美与教育结合的产物，它的本质特征就是情感性。美育的加强与否，不仅关系着一个民族的兴衰，也关系着人类社会的生存质量。

纵观世界历史，无论在西方还是在中国，美育活动与教育自古以来一直存在。虽然在古代"美育"一词并没有出现，但是美育作为一种审美实践和教育形式，是的的确确存在的。但是，古代中国与西方国家在生产力以及生产方式方面都存在着巨大的差异，因此在同样的历史时期，不同的地域产生了不同的审美教育目标和教育方法。

一　中西方古代美育的育人目标不同

西方文明源于古希腊。古希腊所在的爱琴海区域，是个多山靠海的地区，农业无法有所作为。不甘贫困的希腊人就把致富的目光投向大海。他们利用得天独厚的海上资源积极从事贸易活动，不断向外拓展贸易区域，最终形成以工商业城邦为中心的古希腊社会的商业性特征，最后形成了古希腊的商业文明。商业社会经济特点是流动性大、风险大、竞争性强。长途跋涉的经商活动，瞬息万变的商业行情，需要经商者具有强健的体魄、灵敏的反应、坚韧的毅力以及对抗风险的承受能力。同时，作为一个以商业经济为主的国家，为了最大限度地掠夺资源、开拓市场，常常需要诉诸武力甚至不惜发动战争。战争的残酷也需要人们具有强壮的身体、严密的纪律性和无畏的牺牲精神。基于上述的原因，古希腊人重视身体素质和心理抗压耐力的培养也就理所当然。

中国古代文明源于黄河中下游地区，这里水源充足、沃野千里，为农业发展提供了无比优越的天然条件。由此形成了与西方截然不同的农业经济社会形态。农业社会的最大特点便是人固着在土地上，对土地有着依赖关系。同时，生产工具和生产方式都比较落后，致使古代的中国人只能依赖集体力量来战胜灾害，获得温饱。久而久之，农业社会中的人聚族而居，几世同堂，由此产生了与农业经济相适应的宗法政治体制。这一体制主要靠血缘关系维系，同一血缘关系的人推崇辈分，注重孝悌，具有很强的保守性和封闭性。这就使得中国古代的教育目的在于培养具有良好个人品德、安分守己、安贫乐道、不敢犯上的良好公民。中国古代的美育作为教育的一个重要环节，自然也着力培养循规蹈矩、具有内敛性的人。总体来说，中国古代的审美教育有如下几个特征：①重教化，强调美与善的统一；②重视美育对人的道德完善、自身发展的作用；③强调以礼节情，追求中庸平和之美；④认识到了美育的情感陶冶作用。

二　古代中西方美育的方法不同

由于古代中西方美育在育人目标上的差异，使得中西方古代审美教育所采取的方法有所不同。西方古代美育多与军事、体育、竞技活动相联系，而中国古代的美育则多与礼乐相结合。

古希腊的斯巴达城邦为了攻城略地，奴隶主着力培养英勇善战的军人。为此，他们对青少年进行严格的军事训练。为了达到教育效果，他们也辅以音乐、文学等艺术教育，这是古希腊美育的胚芽，但他们的音乐、舞蹈都具有刚劲有力的特点，模拟战争场面，激励斗志，培养青少年坚忍不拔的毅力与信念，也使残酷的军事训练变得有吸引力，不至于单调枯燥。他们让青少年背诵《荷马史诗》，目的也是用荷马史诗中的英雄作为楷模，弘扬英勇善战、为国捐躯的精神。音乐、舞蹈、史诗等审美教育的手段完全服从培养武士的目的，紧密地与军事体育相结合，成为军事体育的附庸。

雅典教育中的"缪斯教育"，即智育与美育相结合，其中艺术教育占有很大的比重。雅典的孩子从七岁开始进入初级学校学习，主要接受读、写、算的智育教育与唱歌、弹琴等艺术教育。十二三岁的孩子更多的时间用来进行体育训练，跳高、掷铁饼、投标枪是他们的必修竞技活动。雅典人在各项体育运动中，不仅注意竞技成绩，还关注参加者身体的健康，形体的匀称与优美。美育与体育竞技的高度结合贯穿雅典教育的始终。

　　而中国古代的审美教育更多地与礼仪、音乐相关联。这种音乐不是作为军事体育的附庸，而是以其优雅悦耳的节奏、音律给人以道德的熏陶与美的享受。礼既是观念，人与人交往的准则，也是一种制度仪式。礼制就是使尊卑等级观念深入人心，不致使人有非分之想，作非分之举，如此，"仁"的目的就实现了，天下也就太平了。而"乐"对人具有内在的感化作用。孔子非常重视"乐"在教育中的作用。他明确指出："兴于诗，立于礼，成于乐。"一个人要成为君子，诗、礼、乐缺一不可。修身必学诗，立身在于礼，最后能否成为君子还在于乐。一个人只有在音乐潜移默化的熏陶下，才能自觉奉行仁道而不逾矩。中国古代音乐侧重于"发乎情，止乎礼义"的伦理美，以温柔敦厚的乐教唤起人们对善的美好情感。

　　除了以上提到的美育方法，自然美的观赏也是审美教育的重要方式，然而，对于自然美的认识却体现出农业文明与城市文明的差异。

　　如上所述，西方古代的商业活动使人对自然产生了本能的恐惧和独立情绪。西方人最早是从躲避自然的迫害，保全自身生存的目的看待自然、探究自然的。因为这种恐惧心理，他们往往难以从审美角度观赏自然。一直到文艺复兴时期，由于人与自然之间的关系变化才使自然变成美，变成人们观赏娱情的对象。

　　中国古代农业形态的社会经济，使人与自然有着融洽的依赖关系。中国古人把天地自然比作自己的衣食父母，相信"天地自然，孕成万物"。中国古人很早就发现自然美。由于对自然美的感悟，古人很早就将自然美纳入审美教育中。孔子以自然中美玉的品质来比喻君子。他认为君子应有仁、知、义、礼、乐、忠、信、天、地、德这十种品德，以此教育学生。到了东汉，中国古人逐渐以自然美来娱情，许多名士，乐于归耕，亲近自然。魏晋南北朝时，古人对自然美的认识更为透彻，人们在获得审美愉悦的同时，修身养性，提升人的精神境界。不少文学大家，如陶渊明、谢灵运等写出了许多脍炙人口的山水诗文，激励人们在品味自然美中，忘却世俗的丑陋，除去心中的杂念，参悟人生的哲理。而西方直到17世纪，在荷兰首次出现独立的风景画，标志着西方人真正摆脱功利的束缚，以审美眼光感受自然美的魅力及其对心灵的陶冶。

　　综上所述，由于中西方在生产方式上的差距，使得双方产生了截然不同的美育目标和方法。虽然随着历史的发展和社会的进步，中西方古代审美教育内涵的区别逐渐趋向同一，但源头的差异毕竟给中西方后代的审美教育带来了不小的影响，形成了各自审美教育的民族特色。

第三节　中西宗教观念差异与分析

马克思主义唯物史观认为社会存在决定社会意识，社会意识是社会存在的反映。社会存在包括三个方面：地理环境、人口因素和生产方式。这三个方面的关系为：地理环境和人口因素决定生产方式的选择，而生产方式决定人类社会其他领域。也就是说，生产方式是决定人类社会各领域形成、发展和变革的终级因素。

宗教作为社会意识的一个方面，由于受到地理、人口和生产方式方面的影响，在中西方存在着很大的差异。本节立足于马克思主义唯物史观的相关原理，从中西不同的地理、气候及人口因素出发来分析中西宗教的差异。

一　中西宗教神的不同来历

社会存在决定社会意识，中国与西方截然不同的地理位置和气候环境造成了中西方文化的巨大差异。西方国家多处于海洋之中，受到自然条件的束缚，其文化注重人对自然的征服，注重"天人分离"。人们必须通过与自然进行斗争，才能够获得成就，长此以往，人与自然便形成了一种相互对立的关系。西方神作为天和自然的代表和化身，与人类社会也是分离和对立的。

中国华夏文明的发源地——黄河流域，土地肥沃，资源丰富适合农业的生产，气候也较少异常，这种良好的自然条件给人们带来了好的收成。所以，人对自然并不是敬畏而是崇尚，形成了"天人合一"的谐和状态。东方神与人类社会是亲近的，甚至是源于人类社会的。

由于中西这种截然不同的社会意识，对于神的来源也产生了迥异的差别：西方的神是天生就存在的，是超越于世俗的；东方的神则是由世俗的人修炼而成的。

在西方的宗教中，所有的神都是上帝赐予的，他来自人类之外，而不是来自人类自身。真正代表西方人的宗教是基督教，基督教的神是耶稣，耶稣是怎么来的？耶稣是上帝耶和华的孩子，是上帝作为自己解救人类、替人类赎罪的一个使者，是上帝与普通人类之间联系的纽带。那么，上帝耶和华又是谁？他是天上的神，是超出于人类世俗之外的神，是先于人类，而且独立于人类而存在的。也就是说，他的存在与人类没有关系，但人类的存在却全是他创造的，人类生活中神性的东西全是从他那里获得。人类中神的来历，要么是得到他的神谕，要么是他的后代。在基督教中，我们几乎找不到一个仅仅是靠自己的修炼而成为神的例子，而往往是，突然有一天，神向他告示，他必须承担某方面的使命，以代替神向人类宣布自己的教言。

与之不同，在中国的宗教中，神并不是人类之外的上帝，他们几乎都是由非常平常的、现实的、世俗的人经过修炼而成的。在道教教义中，神是抽象、神秘的道的化身；仙是人或其他自然物修炼得道而成。道教的主神太上老君，是春秋时代的一位名叫老子的智者，曾为东周的守藏史，是历史上真实存在之人。佛教的主神是释迦牟尼，他是世俗中的一个普通的王子，由于厌倦了王宫里的生活，想探索人生的真理，解救处于痛苦中的人民，经历了七七四十九天的冥想，终于开悟，成为一个得道之人。佛教中的菩萨也是人修习成的，如地藏王菩萨原来是古代新罗国的太子。他们之所以成为神，并不是因为他们得到过哪个神的谕示，而纯粹是因为他们自己拥有的深刻思想和渊博学识，并不断进行精神探索和人格修行而形成的。中国的祖先崇拜则认为，已死去的祖先能够在阴间保佑子孙后代的平安和幸福，保佑家族的兴旺和发达。鬼神崇拜以天、地以及天地间的神灵为崇拜对象，鬼魂则是人敬畏、回避的对象。

二　人神关系的不同

在地理环境与生产方式的关系中，地理环境对早期人类社会的生产方式有决定性的影响。华夏文明的发源地黄河中下游地区气候温暖，降雨适中，大河奔流，沃野千里，最适宜于农业开发，所以这里很早就诞生了农业文明。农业文明社会中，土地资源是最重要的生产资料，所以争夺土地资源的兼并战争是不可避免的，一旦战争结束建立了王朝，也就形成了金字塔式的统治结构，在家庭中也形成了长幼有序的家族制度。

一切宗教都是特定文化的产物，都建立在特定的心理基础之上。所以，在森严的等级制度下，中国的宗教意识是建立在"畏感"基础上的。孔子说过："君子三畏，畏天命，畏大人，畏圣人之言。"其中，畏天命就是宗教上的"畏"，因为天命就是一种超乎人的力量，是人们还无法认识、无法把握的力量。所以，面对神灵时，中国人是一种虔诚、恭敬的态度，他们是诚心诚意地去祈福，去祈求神灵的保佑，希望它能够降福于己。

西方人的宗教意识则是建立在"罪感"基础上。西方宗教的罪感来自《圣经》中创世纪的故事。在伊甸园里，上帝告诫他所创造出来的人类始祖亚当和夏娃，让他们不要吃园中智慧之树上的果实。可是，由于受到蛇的诱惑，他们偷吃了禁果犯下了人类第一个罪行。这个罪行后来被称之为"原罪"。所以，西方人深切地认识到自己及其祖先对于上帝犯有不肖之罪。正因为如此，在西方人的宗教生活中，向上帝忏悔是一个必不可少的日常课程。圣餐的食物是面包与红葡萄酒，预示着基督的真正的肉与血。进圣餐的最终目的是获得恩惠和成果，即坚定我们的信仰，决不能怀疑基督是为我们献身、流血，我们对基督死亡所犯下的罪过一定会得到谅解。所以，西方人对于上帝的信仰、膜拜，正是这种无条件的皈依。

在人与神的关系上，中国的宗教中，人与神之间是一种比较和谐的关系。在佛教中，人向佛、菩萨求助，佛、菩萨则以大慈大悲、救苦救难之心解救人的苦难，保佑人的平安与幸福。在道教中，人通过信仰神仙获得他们的保佑和帮助，达到平安、健康、长生不死的目的。天地崇拜和鬼神崇拜认为，天地鬼神主宰人事，赏善罚恶，人应当敬畏鬼神，按时祭祀天地鬼神，积德行善，以求天地鬼神的佑助。

在基督教中，神与人则是对立的关系：神是人的创造者，人类生活的主宰者，人的善恶行为的审判者，人的祸福的掌握者；人信仰神，遵从神的旨意，向神祈祷，求神保佑。在这种关系中，神是人全部生活的中心，具有绝对的支配权；人一无所有，只是神意的服从者，他所能做的只是祈求和服从。在神人关系和人伦关系两者之间，基督教重神与人关系，认为神与人关系高于人伦关系，爱神是第一位的，爱上帝的心应过于爱人的心，爱人也应当是为上帝爱人。

总之，在中国宗教中，人是中心，仙佛是人修炼而成的，是人信仰和崇拜的对象，更是人羡慕的对象，成仙成佛是人信仰宗教的最高目标，能否成仙成佛取决于人自身的努力；在基督教中，神是中心，是一切的出发点，人则是神的附属，人的一切都从属于神，人因为神而存在，能否得救决定于神的意志。

三　多元神宗教与一元神宗教

社会存在决定社会意识，社会意识是社会存在的反映。每一种文化由于其根植于不同的土地，并遇到不同的发展机遇，而呈现出各自不同的特点。马克思曾说过：人们自己创造自己的历史，但是他们并不是随心所欲地创造，并不是在他们选定的条件下创造，而是在直接碰到的、既定的、从过去承接下来的条件下创造。

中华民族落根在北半球的东亚大陆、太平洋西岸，辽阔的疆域和复杂多样的地理条件为中华民族各种亚文化多元起源提供了优厚的物质条件。由于海陆丝绸之路的发展，贸易交流频繁，外来文化不断传入，中华民族始终保持一种雍容接纳的态度。中国复杂的地形孕育了中华民族文化的多样性，各个区域间亚文化相互交流，相互影响，最终形成了中国传统文化的一体多元结构，体现在宗教上呈现出了中国的多元宗教。

西方文化是从海洋型的自然条件发展起来的。海洋民族国家通常利用周边的海域发展海洋运输事业，海洋是无私的，给予他们自然资源，但同时又是多变的。在技术落后的古代，出入在变化莫测的大海上，意味着要经历巨大的风险；自然的威力是深不可测的，在海上航行是不可奢望得到别人帮助的，所以，他们只能祈求上帝的救助，从而形成了对唯一的神——上帝的绝对崇拜。

中国是一个多种宗教并存的文明古国，对不同的宗教采取宽容的、和平共处的态度。中国民族众多，几乎每个少数民族都有自己的宗教，占人口大多数的汉族则主要信奉道教和本土化的佛教。在中国历史上，异教徒的概念比较淡薄。虽然也曾发生过皇帝利用权力排斥异教的事情，例如，中国历史上"三武一宗"的灭佛事件，但其主要是为了维护和巩固封建王权而不是建立其他宗教的神权统治。总体来看，各宗教之间往往是相互尊重、相互交流、多元共存的。所以绝大多数的中国人既信佛陀、菩萨，又信玉皇大帝、财神、太上老君，也信皇天上帝祖宗之灵，没有叛教之说；并且在中国的寺庙里，往往既供奉道教的神仙，也供奉佛教的菩萨。在中国民间文化的信仰习俗中，宗教之间的界限更是非常模糊，不同宗教的神仙甚至同时受到顶礼膜拜，因而有"见庙烧香，见神磕头"的俗语，以祈求消灾赐福。宗教信仰的多元共处，反映了中国人对未知世界的敬畏和世俗的生活目标。

在西方，基督教是信奉耶稣基督为救世主的各教派的统称，主要有天主教、东正教和新教。但不管是哪个教派在基本的宗教观念上都是一致的，他们都信奉圣父、圣子、圣灵三位一体的上帝，上帝创造了宇宙万物。基督教是一神宗教，具有强烈的排他性。基督教认为，一个人只能信奉一个神，一个宗教，上帝是统治世间万物的、绝对的、唯一的和至上的神。基督教认为，世间万物只有一个共同的起源，那就是上帝。《圣经》中上帝耶和华说，"我是耶和华，在我之外，并没有别神，除了我以外再没有上帝"。《圣经》中记载，耶和华通过摩西向以色列人说："除了我以外，你不可有别的神。"信奉基督教以外的任何宗教都被认为是异教徒，要受到惩罚和迫害。历史上曾出现过多次迫害异教徒的事件，甚至发动过宗教战争。17世纪的十字军战争，就是以消除异教徒、维护基督教的绝对性和至上性为目的的。

总之，马克思主义认为，物质资料的生产方式在根本上决定着整个社会生活的基础及变更。文化作为社会生活的一个方面，发端依赖于它所处的自然与社会环境，又由于各民族历史因素的差异，宗教文化形成了迥异的差别，除了上述的三点以外，中西宗教中还存在着很多方面的差别，但这些差别大都是可以用生产方式决定论进行分析、解释的。

第 四 章

中西经济价值观念比较分析

中西方对经济的理解传统大不相同,西方自色诺芬最早提出"经济学"一词主要用于指家庭内部的管理,中国自提出"经济"这一概念伊始就是经邦济世,后来,把这两种思路各自归结为微观经济学和宏观经济学,并统称经济学。可见今人理解的经济既包括一个家庭、企业组织内部的经营活动,也包括国家层面的生产、交换、分配、消费等一系列活动。本章既分析中西方家庭生活中的日常消费、理财,也分析国家层面的慈善事业。慈善在西方被称作第三次分配,可见其在西方社会经济生活中所占的分量不轻。中国的慈善事业自从"郭美美事件"发生之后也突然陷入困境,一系列被掩盖的问题似乎一夜之间都呈现在人们眼前,慈善进入进退维谷的两难境地。其实就是传统发展思路与现代社会发展的冲突,中国的慈善事业发展进入到一个被迫转型期,也许通过这样的比较研究能够为决策者提供一些启发和帮助。

第一节　中西消费价值观念差异与分析

历史唯物主义是关于人类社会发展普遍规律的科学,是无产阶级的历史观。历史唯物主义认为,社会历史的发展有其自身固有的客观规律。物质生活的生产方式决定社会生活、政治生活和精神生活的一般过程;社会存在决定社会意识,社会意识又反作用于社会存在;生产力和生产关系之间的矛盾、经济基础与上层建筑之间的矛盾,是推动一切社会发展的基本矛盾。在阶级社会中,社会基本矛盾表现为阶级斗争,阶级斗争是阶级社会发展的直接动力;阶级斗争的最高形式是进行社会革命,夺取国家政权。社会发展的历史是人民群众的实践活动的历史，人民群众是历史的创造者，但人民群众创造历史的活动和作用总是受到一定历史阶段的经济、政治和思想文化条件的制约。

所谓消费观念，是人们对待其可支配收入的指导思想和态度以及对商品价值追求的取向，是消费者主体在进行或准备进行消费活动时对消费对象、消费行为方式、消费过程、消费趋势的总体认识评价与价值判断。消费观念的形成和变革是与一定社会生产力的发展水平及社会文化的发展水平相适应的。经济发展和社会进步使人们逐渐摒弃了自给自足、万事不求人等传统消费观念，代之以量入为出、节约时间、注重消费效益、注重从消费中获得更多的精神满足等新型消费观念。

一　中西方消费观念差异比较

文化是人生存的无形环境，人类生活的任何一个方面无不受文化的影响，并随文化的变化而变化。文化决定了人的存在方式、表达自我的方式、思维方式和解决问题的方式。的确，人们生活离不开一定的文化背景，尽管平时不会有意识地去认识它，却时时对它的存在做着各种各样的反应，并表现着它。消费，作为人类借以满足个体需要的手段，在一定社会方式中，虽然主要由消费者个体主观因素决定，但一般都烙有文化的印记。传统价值观念、道德准则、生活信念、思维方式、风俗习惯等文化因素都或多或少地影响着它。由于文化背景不同，人们在消费观念、消费行为上会表现出很大差异。而在历史唯物主义者看来，无论在中国还是在西方，其各自不同的文化结构都具有相对的稳定性和自恰性。

（一）中国主体文化——儒教比较讲究中庸之道

儒教认为人是在与其他人的关系中生活的，每一个人都是一种关系的存在物，是由周围相互作用的社会环境确定的。因而，中国人在决定自己的行为时，非常重视他人对自己行为作出的期待和反应。一个人在行动时，首先要考虑的是外部期待和社会规范，而不是自身的愿望和个人利益。西方文化与此不同，它强调个人，以"我"为中心。这两种迥然相异的文化在消费观念上的差别，主要表现在以下几个方面：

1. 求同从众与追求个性

中国早就有"衣服不可侈异""衣服举止异众，不可游于市"之说。中国人吃、穿、用各种消费都要顾及当时的风俗和社会规范，力求与相应的社会阶层保持一致。这种消费观念在实际生活中的表现形式就是攀比。"别人是人，我们也是人，别人有，我们也要有"，这不但是过去，而且是现在许多人的消费心理。购买消费品的动机，对许多人来说，已不在于满足自身消费的需要，而在于求同，与别人一样，很大程度上可以说是为了买而买。

西方人的消费尽管也有"流行"，但总的来说还是追求独特，表现个性。他们喜好别出心裁，不拘一格。这在着装上表现得比较充分，一般人都力求与众不同，为了追求别致效果，穿奇装异服者也不鲜见。在家庭布置上也不趋同，很少有两家一样的，不像中国一个时期几乎全是大立柜，另一个时期又都是组合柜。西方人信守你是你，我是我，我不是你。所以，在消费上，凡是能表现个性的，都会充分表现出与众不同的"自我"。

2. "面子"消费与满足自我

美国著名心理学家马斯洛把人的需要分为七个层次：生理需要、安全需要、归属和爱的需要、自尊需要、自我实现需要、认识和理解需要、审美需要。几个需要之间的关系是由低向高递进的。在中国人的心目中，自尊的需要，占有相当重要的位置。这种需要的满足是通过别人的尊重和社会的认可来实现的，这涉及了"面子"问题。中国人经常用"面子"来解释和调节社会行为，一般人都很在乎"面子"。

西方人以"我"为中心，消费一般从满足自身需要出发，所以讲究舒适、方便。比如在穿着方面，非常随意，除上班、上剧院、出席音乐会、宴会等正式场合穿着笔挺外，平时都根据自己的偏好，怎么舒服怎么穿。他们不讲排场，宴请宾客，很少像中国人那样七大碟八大碗。也不讲究面子，送礼不是钱越多越好，一束鲜花或许就能很好地表达心意。

3. 因循守旧与求新冒险

循规蹈矩，安分守己，不愿冒风险是中国人文化心理的又一个特点。中国人不愿标新立异，出头冒尖。在消费上，人们一般比较注重经验，固守牌号，接受新产品不特别迅速，尤其是刚研制出来的效果还不稳定的新产品。并且中国人在购买商品时，往往要征求别人的意见，让别人帮助自己做决定，因为自己拿不定主意。当然，也有不少人乐于为别人当参谋、出主意、做决定。

西方人一般轻视平庸、懦弱，喜欢一鸣惊人，出人头地，有冒险精神。对待新事物，相信自己的判断，很少考虑它是否与前人的经验相符，也不对它进行考证。他们认为，人类在进步，一切都要更新，新的总比旧的好。因此，他们愿意接受新思想、新技术、新产品，并且是越标新立异、越有风险的产品和服务，他们越愿意接受、尝试。西方人在购买商品时，一般都由自己决定，很少有人让别人帮自己决定，因为那纯粹是"个人"的事情。

（二）中国儒家文化历来"重义轻利"，"君子喻于义，小人喻于利"

孔子曾对其得意弟子颜回过着别人"不堪其忧"的清苦生活而能"不改其乐"大加赞赏。于是，人们以"君子固穷""君子忧道不忧贫"为信条，以"知足常乐""安贫乐道"为生活准则。西方文化不讳言私利，认为对个人物质利益的追求，是人们从事一切活动的原动力。人们奋斗争取的一切都和其物质利益相关，正是在追求个人利益的过程中，增进了社会利益。西方人总不掩饰追求个人利益，实现个人欲望。

对"利"的不同态度，形成了不同的消费观：

1. 勤俭节约与享受生活

节俭是中国传统消费观的基本点，也是我国几千年来传统社会中家庭治家经验的总结性认识。时至今日，中国绝大多数家庭依然奉行勤俭持家的准则，节俭还是被看成是美德；而奢侈消费、胡花乱买被认为是败家，不走正道，为社会所不齿。西方人认为活着就要过好日子，因此他们重视现时消费，及时享受。当然，这种享受要通过自我奋斗实现。所以许多人都是玩命地工作，玩命地挣钱，然后再玩命地消费，玩命地享受。有人说西方人是辛辛苦苦地过舒服日子。高收入、高消费是许多西方国家经济生活的特点之一，挣了钱就花，花了钱再挣，是一般人的生活格局。

2. 量入为出与提前消费

与节俭消费观相应，有计划地安排消费，"量入为出"是中国人消费的准则。一般人都要做到精打细算，细水长流，年年有余，不能"寅吃卵粮"。为此就要积蓄，积蓄的目的不是为了积累——扩大再生产，而是为了备战备荒，备不时之需。中国人认为未来不可知，生命无常，不定什么时候会遇到天灾人祸。有了积蓄做"过河钱"，就能渡过难关，正是"常需盈余，以备不虞"。于是民间有"常将有日思无日，莫到无时思有时"这一类广为流传的谚语，也有"宜未雨绸缪，毋临渴而掘井"之说。

西方人一般对未来充满信心，比较乐观。他们背朝过去，面向未来，这可能与其历史有关。比如美国，在文化上没有骄傲的过去，只有等待开拓的未来。因此，他们对现期消费和未来消费的态度同中国人有很大差别。负债对中国人来说，是一个沉重的心理负担，但在美国人看来，提前消费、负债消费是一个很正常、很合适的事情。因此，中国人把现在的钱留到将来花，而西方人把将来的钱拿到现在花。

3. 重实用与重形式

商品消费具有自然和社会双重功能。满足自然生理需要，是实用价值和使用价值；满足社会需要，是消费品的美学价值。受节俭消费观的影响，中国人比较注重实用价值，肯定商品满足自然需要的属性。车船务求坚固、安全，不求雕饰；日用品要经久耐用，不怎么讲究形式，不在乎包装。尽管现在一些城市人比较注意商品的美学价值，但更多的人看重的还是商品内在的实用价值。比如许多人认为买瓶装油、瓶装洗涤剂不值，因为多出的钱买的只是包装。

西方人比较注重形式，在乎商品的审美价值，包装好不好在他们看来很重要。不管是一块糖，还是一罐水，他们都喜欢把它们包装得十分漂亮。有时用在形式上的成本比内在的内容要多，一罐可乐的内容（水）比它的铝罐要便宜得多，但他们认为理当如此。他们甚至认为没有好的形式（包装），也不会有好的内容。正是中西这种观念差异，使中国商品在西方市场上很吃亏，往往是一流质量、二流包装、三流价格，因为包装得不好，大大降低了产品档次。

二　中西方消费观念差异的原因分析

中国人一向有存钱的概念，这一点主要追溯到古代中国是个典型的农业社会。因此，靠天吃饭的农民们，就不得不考虑到气候的不稳定和突变因素，他们必定是将余粮储存起来以备不时之需，并且中国社会也一向是自给自足的一种形态，自然也是要储存起来了。中国人从很小的时候大概就一直被灌输这样一种概念——有钱就要存起来，也有很多人听过伊索寓言里蟋蟀和蚂蚁的故事，也听过很多中奖的人说"这些钱要去存起来"。而中国社会自古以来也是以节俭为美德的，所以东方人对金钱的概念用一个字来概括就是"存"。

反观欧美人，包括欧洲、美国、澳大利亚等，发现一个现象，那里的人都敢于花钱，而其中好像又以移民国家为甚。曾经在澳大利亚听过这种说法，那里有很多的薪资都是周薪，是不是一听到这里就有一种给小孩子发零用钱的感觉，而当地的很多年轻人，有些人拿了工资当晚就去疯狂消费玩乐，然后到第二周发薪日前的几天，晚上只好待在家里，因为没钱了。

这种偏好的确和中国形成强烈的对比，当然我们也不是要提倡这种做法，毕竟觉得不足取，而且比较极端。那如果用其他例子来说，比较典型的就是是否敢于花明天的钱，说白一点，也就是贷款问题。中国在很长一段时间里，贷款业都无法得到很好的发展，这不能不说和中国人一贯的观念有关。而以美国为例，他们的贷款业真是非常成熟，不说房屋、汽车贷款多么普遍，学业贷款甚至旅游贷款也是不少的。

这些如果从历史上来分析，以美国为例：其一，美国是个移民国家，敢于到新大陆来的人，多少都具有开拓冒险精神，不会固守，他们有这个勇气；其二，美国是个新兴的工业发达国家，几乎没有怎么经历过传统农业的时期（和中国漫长的封建农业大国形成强烈对比），他们的思想里绝对不是靠天吃饭的，因此他们没有那种钱要以备后用的观念。

仔细想来，中国目前的信贷消费还不是很成熟，也是有其他一些现实原因的。

第一，中国目前的经济发展还不够发达，或者说很不平均，这样导致一些很大的消费市场无法运作，自然无法显现出成效；第二，也是比较主要的一个原因，其实是中国目前的社会保障制度、教育制度、法治制度等各种制度建设，和西方比还远不成熟。因为这些都是消费观念改变的一大前提，因此在这些问题都还没有得到很好解决的情况下，中国人的金钱观念一时半会儿还不会发生根本转变。

西方人敢于花钱的基础是社会保障，他们失业后有一整套完善的体系去保障他们的生活，他们自然可以放心地去花钱，不必担心万一哪天没有了经济来源就会横死街头。显然，中国的社会保障体系还远没达到人家那个程度，而且范围也很有限，所以大多数人就要多为自己想一些，那自然最简单的途径就是存钱了。不过说到社会保障的完善问题，我个人觉得，最终还是要归到经济发达程度，社会有没有大量剩余资本来完善，或者说优化社会保障体系是个很关键和基本的问题。如果没有较强的经济做后盾，很可能消费市场都无法保证，那就更不用说什么超前消费了。

第二节　中西理财价值观念差异与分析

《晏子使楚》中有句话："橘生淮南则为橘，生于淮北则为枳，果徒相似，其实味不同。所以然者何？水地异也。"每种文化状态都会因为植根于不同的土壤以及遇到的成长发展机遇不同而呈现出各自的特点。那么，对于基础条件具有很大差异的中西两大文化系统来说，推动或制约他们创造文化的主要因素是什么呢？文化是人类经过不断探索与创造而产生的文明成果，但是，不同的人类群体由于赖以生存的自然条件的差异以及其他诸多因素的影响，每一株人类文明之树的成长与壮大除了受整个世界文化氛围的熏陶以外，还是离不开本国土壤的滋养。

有这样一个流传甚广的故事：有两个老太太同时去见上帝，外国老太太说："我的房贷终于还清了"，而中国老太太却说："我终于攒够买房子的钱了。"这个故事表现形式虽比较夸张，但是也反映出中西方理财文化存在的深刻差异。

何谓理财？理财不是攒钱。通俗地讲，理财就是"生财、聚财、用财"之道。应包括开源，即不断寻求合法赚钱门道，将个人资产不断升值；也包括节流，也就是科学地消费，不让个人资产无谓地流失。理财不等同于投资，理财的精髓在于用财之道，赚取钱财并妥善运用钱财。而投资则是使资产增值，帮助人们达到理财的目标。从这个意义上讲，投资只是理财的一部分。君子爱财，取之有道；君子爱财，更当治之有道。理财不是富人的专利，对理财最通俗的理解，就是处理好个人的钱财。

《史记·货殖列传》中说到"请略道当世千里之中，贤人所以富者，令后世得以观择焉"。以家庭或个人（私人）致富为基本内容的中国古代私人理财思想滥觞于春秋时期，初步形成于战国时期，到西汉中期基本成熟，其标志是司马迁的《史记》这一巨著的问世。《史记》尤其是其中的《货殖列传》蕴涵着丰富的中国古代私人理财思想，是私人理财发展史上的一座重要里程碑。不少思想家都认为勤和俭是致富的根本条件。韩非子就认为，富者是由于"力而俭"，贫者是由"侈而惰"。而司马迁认为，单纯依靠勤俭，只可免贫，而不足以致富。

虽然大部分人都认同，钱不是攒出来的，而是赚出来的。但中国人重储蓄，美国人爱消费，很少有人否认这种差异。尽管在中国的新一代年轻人中也出现了不少"月光一族"，但美国社会无论老少，几乎都是"月光族"。每当工资发下来后，中国人习惯性地先做一笔储蓄，美国人则将钱划拨到各种投资账户中，剩下的钱基本都消费掉，而且大多数都是透支消费。

拉开中国家庭房间里的抽屉，里面可能放着一堆储蓄存折，有定期的、活期的，有工行的、建行的，等等。一般家庭很少会使用借记卡和信用卡。而打开美国家庭的抽屉，里面会有一些 CD 存单，更多的是各种各样的信用卡。

在美国，CD 存单是各个银行发行的，期限不同、利率也不同，一家银行就能发行二三十种 CD，卖完一种之后银行系统就把它删除了。而且银行之间可以交叉地卖其他银行的 CD 存单，甚至有专门的理财机构为客户定做几种 CD 存单的配置，而国内的存款利率都是由人民银行统一规定，而且每家银行只开立本银行的储蓄账户。

其实，美国人放在 CD 存单上的钱很少有超过 2 万美元的，这与国内个人储蓄账户上一般趴着二三十万元有着明显差异。此外，美国有存款保险制度，也就是银行破产之后，联邦会为储蓄存款提供保障。上限是10 万美元，如果储蓄账户中超过 10 万美元，超过的部分就不提供保障了。中国暂时还没有存款保险制度，个人的储蓄一般是由国家信用做担保的，但随着银行市场化改革的逐渐推进，也会设立存款保险制度。

美国人不喜欢现金储蓄，他们也不喜欢现金消费。信用卡是美国居民消费的主要手段，其次是支票，极少有人拿着一叠现金去消费，这甚至会引起商家的怀疑而去报警。信用消费极大地刺激了美国人的消费欲望，绝大多数人都超前消费，入不敷出。在2005年下半年，仅仅是信用卡，美国人未偿还的债务就已达到8000多亿美元，相当于每个家庭7200美元。中国近几年信用卡迅速普及，但真正使用循环信用给发卡行带来高额利息的人比例很少，绝大部分中国人是按月全额还款的。这虽然不利于信用积分的增加，但却可以维持收支平衡，只是银行信用卡部的利润就不那么丰厚了。

用钱生钱、创造被动收入是实现财务自由的关键环节，中国人和美国人在这方面的意识都很强。但如果按"储蓄—投资—投机"从保守到激进的不同层次来划分实现资产增值的方式，中国人会偏向两端，而美国人则向中间靠拢。

中国人喜欢储蓄，同时也有很多人赌性非常强。20世纪90年代后期在美国盛行的一种当日冲销公司的营业厅里，华人非常多。而这种公司完全提供的是当日买当日卖的投机性交易。我们也知道在国内股市的投资者中，散户的比例很高。股指暴涨暴跌的"过山车"行情都是赌徒式的羊群效应产生的，很少有人真正秉承长期投资的理念，即使是有些机构投资者也不过是个"大赌徒"而已。

反观美国人，投资的意识也很强，因为他们很少储蓄，收入除去开销的部分，剩下的钱基本都放在市场里，接近90%。根据美国雇员福利研究机构和投资公司机构的数据，在401K账户（是公司上班人员的退休基金账户，退休前对账户上的存款职工可以自主选择投资方式，如购买股票、债券或定期存储等）中，直接或间接投在股票市场上的比例是70%。鉴于401K账户在美国人退休后的重要性，这个数据很能说明美国的家庭资产也大部分配置在资本市场中。

但也是从上面的数据中，我们可以发现，美国人在投资股市时很少是以散户的形式直接面对证券市场。大部分是在经纪公司开设账户，委托专业人士投资，他们只是时而检查账户情况，而往往不频繁操作。美国家庭在取得收入后，会先将钱划拨到各类账户中，比如教育计划账户、保险计划账户、401K账户等，从这点来看美国人更多的是一种理财规划行为，而不是投机炒作行为。美国人的理财方式是先把未来设计好，有一定的退休金、养老保险、教育计划基金支撑后，再花掉剩余的钱。而中国人则是积累大量储蓄用来应付未来的养老和高昂的子女教育费用，至于投资理财，最终大多异化为炒股炒房。

第三节　中西慈善价值观念差异与分析

全球两大富豪比尔·盖茨和巴菲特先生在 2010 年 9 月底来华设宴，邀请 50 位中国富豪参加（后声明只为"交友"，不会"劝捐"），消息一经发布，迅即引发了种种颇具中国特色的反响。在此之前，昔日中国"首富"黄光裕，恰因非法经营罪、内幕交易罪和单位行贿罪，获刑 14 年，为这场慈善晚宴增加了一个怪诞背景。不出意外的是，中国富豪对盖茨和巴菲特的邀请，扭扭捏捏，吞吞吐吐，仿佛那是个鸿门宴。甚至那些看上去最不会拒绝的富豪，如刚刚向北京市红十字会 999 急救中心捐赠了 20 辆急救车（价值 200 万元）的李春平先生，收到邀请后也公开表示拒绝。晚宴尚未开张，两种慈善观的冲突，已早早凸显尴尬。这当儿，听到中国"首善"陈光标先生在致盖茨和巴菲特的公开信里的慨然承诺："在我离开这个世界的时候，将捐出全部财产"，不少国人想必会大舒一口气。

尽管陈光标的慷慨义举，在两年前汶川地震时，已经感动了中国，尽管陈光标已经累计向社会捐赠款物 13.4 亿元，直接受益者超过 70 万人，盖茨先生读到这封信时，纳闷更多于感动：既然你对捐助下了这样大的决心和勇气，但对于过来赴个便宴，大家吹吹散牛，你却不敢来，你这又是怕什么呢？这便涉及到中西慈善观的差异了。

唯物史观认为：物质生活的生产方式决定社会生活、政治生活和精神生活的一般过程，社会存在决定社会意识，社会意识又反作用于社会存在。慈善文化是植根于人类社会并随之变化而演化发展起来的，不同的民族及其生存环境是生成不同慈善文化和独特表现形式的现实基础。

小农经济和宗法社会是中国慈善文化的生成基础，以儒家为代表的慈善传统是适应小农经济和宗法社会的历史性产物。传统中国自产生之日起便与宗法血缘在一起形成了"以家为本位"、家国同构的共同体，"国"是"家"的延伸和扩大，"家"是"国"的细胞和基础。封建社会形态下君主俨然成为"家天下"社会中的大"家长"，即高度集权大一统社会的一家之长。在这种背景下，一方面加强了人对自然本性血缘亲情的重视，从而使儒家传统既具有父权主义家长式的仁慈色彩，又以长辈对晚辈的"亲情之爱"或"慈爱"走进人的生活和思想。由于血缘亲情之爱所生成出来的家族式慈善不可能惠及素不相识的陌生人或不发生行为道德责任的人，慈善受惠者只囿于"圈子内"的亲人或熟人，即宗族、邻里、亲朋。所以儒家慈善文化有着内敛性特征，慈善是限于血缘亲情之间的伦理性活动。另一方面封建专制把家长式的"仁爱"推向伦理政治型的"仁政"，儒家文化成了为政之道，成为统治阶级缓和阶级矛盾、维护政治稳定以及治理国家所需要的政治工具。由于君主拥有政治和思想上的绝对控制地位和权力，使社会体制更趋向官本位，而且也使社会成员对国家的依赖大大增强，官府通过救济增强了人民对统治者的拥护和感恩之情，因而救济便成了统治者笼络人心并借以加强统治的手段。慈善主体的官本化和慈善的道德教化功能便是在这种社会环境生成的，它对以后社会慈善的发展路径产生了直接影响。

一方面，"君权至上"铸成了官办慈善的思维定式，所以，自古以来国家就肩负着救济大任，政府成了社会福利的唯一提供者。从而，在一定程度上削弱了社会公众参与慈善活动的热情和责任感，将公益事业和慈善事业完全归为政府的职责范围。另一方面，传统中国的"仁政"注重的是"德治"，儒家对道德教化功能的高度重视，其根本目的是为了使人们看到统治者的恩赐和悲天悯人而更加依赖和效忠"圣君"，并对君主制度予以更强的道德认同。所以，封建制下生成的慈善文化更多的是一种道德引领或号召，而没有强制力约束或制度规则，最终也就不可能产生公益意识和慈善意识。

西方民族和国家的形成发展历史是西方慈善文化的生成基础，以基督教伦理为基础的西方慈善文化与西方民族形成发展的历史有关。基督教起源于中东地区的巴勒斯坦一带，五海三洲的地理环境使得古埃及文明、古巴比伦文明、古代犹太文明、古代希腊文明、古罗马文明在此交汇碰撞。而众多部落之间的竞争、战争又为彼此间创造了不断学习融合的条件，这就使基督教文化内含有包容性特征。基督教文化的形成更受到了犹太民族及其犹太教的直接影响，并遗留给西方慈善文化以深刻烙印。基督教起源于犹太人的下层，犹太民族是一个饱经沧桑、备受磨难的民族，它曾先后被巴比伦、波斯、罗马等强国征服和统治，正是这种艰难环境使之成为具有独立性、富于进取心的民族，有自己独有的文化与思想价值观，不同于周围的民族，在脱胎于犹太教的基督教文化中具有鲜明的忍耐、平等、博爱精神，而慈善就是爱的最好表现形式，它是构筑西方人灵魂的精神支柱。

以基督教伦理为基础的西方慈善文化的深入人心，也与西方国家形成发展的历史有关。以美国为例，一方面，移民过程本身显现出的各移民群体间关系已超出以亲情和血缘为纽带的家族范畴而扩展至社会陌生人范围。这一现实使基督教倡导的普遍慈爱友善之心成为来自不同国土的移民最终得以在他乡安顿下来的精神动力，而民众对它的认知和认同也推动了基督教博爱思想在民间的广泛传播和深入，从而使得西方慈善文化显现出特有的开放性。另一方面，艰难的移民过程也是基督教传统由欧洲传到美洲的过程，它不仅使人们受到慈善传统的熏陶，而且也从来自团体和个人慷慨捐助的慈善活动中获益，从而对建立互助友爱、同舟共济生存环境的重要性有了更加深刻的感悟。这不仅生成了美国的"互济文化"，也造就了西方人的行为方式；不仅使以社区为单位的互济活动十分普遍，也奠定了美国慈善事业的根基。在西方社会，慈善几乎成为普遍的个人自觉意识和志愿行动，成为一种高度普及的大众文化。

下面我们从社会生产力和生产关系的角度比对中西慈善的差异。

现代西方社会，高科技产业造就了西方大批年轻的百万富翁，他们回馈社会的意识也空前高涨，与老一代慈善家卡内基、洛克菲勒和福特等一样，密切关注教育、医学、文化等事业。尤其有着信息技术背景的新贵们，在捐款排名榜上更是一直保持强势：盖茨居首，英特尔创始人戈登·摩尔夫妇居第二，戴尔电脑的麦克尔·戴尔夫妇居第七，MS 的共同创始人保罗·艾伦居第九……之所以如此，除了信息产业的高回报率以外，更与他们的现代理性素质及其在当今世界产业结构中的荣誉地位有关。荣誉心理和榜样文化的激励，使得他们在社会义务与责任的承担方面也展开了一场伟大的竞争……资料显示，近十年来，美国慈善机构受赠的遗产额平均年递增百分之十五，仅 2000 年即达到 120 亿美元。据统计，美国现有的 328 万百万富翁中，已有 60 多万人拟将绝大部分财产捐赠给慈善机构和基金会。

耐人寻味的是，虽然富人的物质实力足以使之在慈善投入上作出表率，在排名榜上一马当先，但这并不是富人的专利，平民并非仅仅充当慈善的受众，实际上他们更是慈善活动的主体和基础力量。在西方发达国家，这种全民性的公益活动在社会运行和弥补政府职能不足方面都起到了至关重要的作用，甚至被称为国民经济的"第三次分配"，真正实现了"小政府、大社会"的宪政功能。

对比福布斯 2005 年度《中国富豪排行榜》与《中国十大慈善家排行榜》后就会发现，赫赫有名的十大富豪竟无一人登上"年度十大慈善家"排行榜，这与国外富人的善举相比相差甚远。根据《福布斯》杂志的美国慈善榜统计，十年内，美国的富豪对各类慈善组织的捐赠总额超过了2000 亿美元。最富有的美国人中 20% 所捐赠的钱占了全部慈善款的三分之二。而根据中华慈善总会的统计数据，截至 2004 年年底，中国慈善机构获得捐助总额约 50 亿元人民币，仅相当于 2004 年 GDP 的 0.05%，而美国同类数字为 2.17%，英国为 0.88%，加拿大为 0.77%。另外中国的慈善事业在很大程度上仍依赖海外捐赠，在中华慈善总会的捐赠物资中，有近 80% 来自海外，只有 20% 多一点来自内地。我国一些城市慈善协会募集的善款总额用全市总人口计，人均不足一元钱。

相比西方社会的"乐善好施"，中国社会显得有些"乏善可陈"，其中的原因是多方面的。

（一）政府的管理理念和导向仍然是限制慈善事业发展的主要因素

改革开放前的中国一直是一个高度集权的大一统社会，政府处于绝对控制地位，国有企业并不以盈利为目标，几乎所有的经济组织都是行政机构的附属物。作为非营利组织一个分支的慈善组织更无独立地位和自主权，一切以政府的意志为转移。改革开放后，尽管有关的认识和政策有所改变与松动，政府对慈善事业的倡导和支持也很大，但是大部分民间捐献仍被转化为政府关怀和救助发放给受助对象。其实，慈善事业的具体操作过程是排斥政府干预的，因为政府的干预可能改变慈善事业的性质，背离捐献者的意愿。

（二）观念落后

尽管自古以来我国就有慈善传统，但却一直未能发育出一个具有明确组织机构的慈善领域。中国的慈善更强调给予者的大方和仁慈，更突出街坊邻居熟人间的互助，不习惯向陌生人捐赠金钱。这种中国特有的由近及远，由亲及疏的慈善原则导致中国慈善事业的封闭性和内敛性。慈善的道德原则背离了慈善事业的公平公正原则，慈善事业的开放性、广泛性、效率和公平等基本特征无法彰显。

（三）法规政策不健全

虽然我国政府正在积极建立有关慈善组织登记管理方面较为完整的法律制度框架，但这并不意味着慈善组织的发展在我国已经受到法律的积极促进或保护。相反，现行法规中的许多规定在很大程度上不利于慈善事业的发展。它们所带有的控制、限制的基调和烦琐的手续规定与制度框架，在相当长的时期都成为制约慈善事业发展的因素，同时，各种法规制度之间及其实施主体之间经常出现的摩擦和不协调也是不容忽视的问题。在政策设置和环境打造上，我们对"公益"的鼓励、优惠及扶持不够，缺乏与慈善事业相匹配的制度合作和法律保障。而在美国，作为一个秩序良好的市场经济社会，为了鼓励和保障慈善事业的健康运行，她有一套完整完善的法律和鼓励机制与之相匹配，比如高达百分之五十五的遗产税，简便快捷的登记注册手续，对非营利性组织的税收减免，政府权力下放，慈善机构运作环境宽松，独立使用资金不受权力控制和干预等等。之所以如此，与美国社会日趋成熟的"宪政"理念有关，政府出让越来越多的职能给社会，在确保权力有限的同时，强化民间的主体性和自我承担能力，以实现社会资源的有机配置和良性循环。

（四）我国的慈善组织存在内部缺陷

比如慈善机构的组织建设不规范，慈善募捐的方式缺乏足够的吸引力，慈善工作人员的专业素质有待提高，慈善事业的运行缺乏透明度，慈善公益系统的自律有待强化。概括而言，就是慈善组织面临着规范化、专业化、自律化建设的考验。当代中国体制仍属一种"全能型""无限型"的硬盘模式，大大小小的社会公务统统由政府职能部门承揽包办。这既是权力意志的结果，也是长期以来老百姓所习惯和依赖的必然结局。如此必然导致权力的日益集中和权威化，权力的肆意扩散易滋生腐败，使之失去监督；同时导致民间社会功能的日益萎缩和侏儒化，许多可以由公共群体自行消化和解决的问题，被误解为政府职能，使民间对政府期望值大大增加。不久前发生的"郭美美事件"就使得原本就很脆弱的红十字会乃至我国整个慈善事业均受到了重创。事实上，西方慈善文化解决的就是这个问题。民间公益活动，既大大缓解了政府压力，又弥补了官方管理的疏漏之处，解决了具有普遍性的社会问题，同时压缩了权力控制的领地，从而真正实现"小政府大社会"的宪政目的，有利于民主的落实和保障。

（五）生存资源问题

事实上中国人有能力但不慈善，他们的担心往往并非多余，其吝啬也有一大堆的理由，其中一个重要原因即是对生存资源的激烈拼夺。中国的人均生存资源本来就异常贫乏，尤其是在社会保障体系和福利制度远不完善、个人发展机遇和权利极不均衡的背景下，在一些基本的生存要素上，诸如人生起点、生态空间、居住环境、疾病威胁、所受教育、发展机会、就业条件等方面蕴藏着众多危机和不公正。由于我们不像西方那样有完善的制度保障和扶助机制，生存对财产就提出了更尖锐、严峻和苛刻的索求，面对社会资源眼花缭乱、变幻莫测的高速流动和转移，人们的内心常充满焦虑和压力。生存环境的悬殊、金钱社会功能的畸形化又导致国人对私有财产的超强重视和依赖，在财富储备上便狂热地追求最大值以增强生存的安全系数。在当代中国，一个人即使有了相对富裕的财产也往往不敢掉以轻心：自然资源和社会资源的越发有限，日益恶化的生态环境，对社会保障固有的不信任，对已有生存地位和特权的依赖……这一切都使得有钱人不敢轻易减少自己的财富储备。金钱的能量越大，制造的不平等越深，人们对金钱的守护心理就越强，就越不肯割舍和出让，更不会有慈善。或许可以说，这与当代中国的生存保障制度不完善、社会资源配置规则不健全、生存环境不乐观有关。同样的劳动量和私有财产水平，抛却物价因素，在西方获得的综合生活质量、保障系数和"安全感"，比国内高出许多。

综上所述，我国的慈善事业要想有一个大的发展，必须结合我国国情，当以克服和改变上述五个方面的障碍为第一要务。

第 五 章

中西政治价值观比较分析

传统上中西方在政治领域中的差异是非常巨大甚至是背道而驰的，一个民主，一个专制；一个分散型，一个大一统；一个主权在民，一个君临天下；一个讲以人为本，一个讲君臣父子；等等，不一而足。本章首先抓住中西政治分歧的要害，即对法律认识的差异入手，进一步分析产生这一差异的社会基础，随后再以美国、法国两个典型西方国家为个案，分别分析各自在对待枪支和女性解放方面与中国存在的差异，并研究产生这些差异的社会环境和土壤。

第一节　中西法律文化的差异及原因分析

一　中西方法律文化的差异

（一）中国传统法律文化的特征

中国传统法律文化主要是指封建社会的法律文化，其突出特点是礼法结合，儒家思想对封建法律产生了深刻影响。儒家思想的核心内容是"礼治"，礼是中国古代社会评判国家施政的成败得失、人们言行的功过是非、罪与非罪的依据，传统法律文化植根于中国深厚的儒家文化土壤之中，其影响不仅是直接产生了封建法律制度，而且造就了千百年来民众的法律意识，甚至影响到人们的心理构成。具体而言，中国传统法律文化有以下几个特征：

第一，以言代法，权大于法。儒家文化认为，在治理国家的过程中，起决定作用的是统治者个人而不是法律制度，因此注重并强调执政者在治国中的决定作用。中国封建社会随着封建专制主义的不断发展，皇权不断强化，君主言出即为法。历代都把皇帝发布的诏、制、令、敕作为最重要的法律形式，而成文法律往往退居于诏令之下。

第二，等级特权制。封建等级特权制在法律思想上则贯彻了法有差等的原则，皇帝高高在上，不受任何法律约束，各级官吏犯了法，可分别享受"议、请、减、赎、当、免"等特权，称之为"八议""官当"制度。级别越高，特权越多，所谓"刑不上大夫"，而且根据宗法制度发展到了可庇荫亲属。

第三，重刑轻民。在我国传统的法律文化观念中，民法没有自己的位置。从李悝的《法经》直至封建末世的《大清律例》，历代法典基本上就是刑法典，其内容均以刑法为主，其中掺杂着极少数量的民事法规。法律的调整职能不可能充分发挥，而主要发挥法律保护职能的刑法、行政法则比较完备。

第四，民众的法律意识误区。几千年来，由于封建皇权主义至高无上及宗法家长制的影响，对广大民众而言，守法是平民百姓的义务，百姓很少能从法律中得到某些权利保障，民众中也存在一种"厌讼"的倾向。

第五，求稳不求变。中国封建社会两千多年的传统法律文化，是相互承袭、代代相因所形成的，就其每个朝代而言，法律制度一旦创立和形成，几乎都强调"祖制不可变"。因此，形成了传统法律文化中惰性和封闭性的特点。

第六，依附合一的司法体制。中国传统法律文化中的司法与行政总是合二为一，在中央，君主拥有最高的司法权和行政权，朝廷设有专理司法的官吏，如刑部、大理寺、都察院等，但都从属于行政官吏；地方上一律由地方行政官员兼行司法权，没有自上而下的法院系统。另外中国司法活动的程序也表现为行政化，没有司法行为专有的程序。

第七，法律的工具性。中国传统的法律思想，无论是主张"缘法而治"的法家理论还是儒家法律文化传统，在理论上都以尊君、卑臣和愚民为前提，以维护"家天下"的专制统治、为专制君主服务为目的，不承认个人利益的合理性和正当性。从《秦律》到《大清律例》，数千年来官方制定和颁布的全部法律规程，都以惩罚、镇压和恐怖的严刑峻法为特征，以义务性、压制型法而非权利性、救济型法为主要导向。因此，中国古代的法律完全是专制君主统治人民的一种工具。

（二）西方法律文化的特征

对于西方来讲，法律不只是一个规则体，而是一个过程和一种事业。在这种过程和事业中，规则只有在制度、程序、价值和思想方式的具体关系中才具有意义。从这种广阔的前景出发，法律渊源不仅包括立法者的意志，而且也包括公众的理性和良心，以及他们的习俗和惯例。对于西方人来说，自然法学说是最主要的，该学说认为至善至美的自然法是衡量一切人定法是非的唯一标准。其次是神学自然法思想，比如《圣经》中的"原罪说"，从法学的角度讲，是对人类终极犯罪原因的最初探讨，它解说了犯罪的最初诱因、解说了最早的权威来源、解说了法律制度产生的必要性。"自然法"只是"永恒法"的一部分，而"神法"又不过是文字记载了的"自然法"。具体而言，西方法律文化传统有如下几个特征：

第一，法权出于上帝，法律至上。在西方人心目中，法律源于自然和上帝，而上帝既是近在眼前又是远在天边的。近在眼前的人都是上帝的子民，他们既平凡又平等，所以他们永远也不能凌驾于代表神灵意志的法律之上。法权源于上帝而非君主，所以西方的立法至少在形式上是大众制定的。

第二，法律是善良与公正之术。西方人认为，对于自然，对于上帝，人类是相对独立的，具有有限的自主权。人类在约定的范围内可以立法管理社会，上帝也不能随意在任何事情上加以干涉。因此，国王在一定程度上就是整个国家的管理者，而不是主人，法律是整个国家制定的、由国王监督执行的约定。所以法律就代表了公平、正义、善良。

第三，私法发达。对于西方社会，其宗教和传统对于人们的思想和法律的形成起到重要的作用，西方人向往和信仰一切都源于自然和自主意识，因此，西方的民法和契约的发展比较完善。

第四，法律的发展被认为具有一种内在的逻辑。在西方法律传统中，变化并不是随机发生的，而是由对过去的重新解释进行的，以便满足当时和未来的需要。法律不仅仅是处在不断发展中，它有其历史，叙述着一种经历。

第五，法律区别于政治、宗教和其他类型的社会规范。虽然法律受到宗教、政治、道德和习惯的强烈影响，但通过分析，可以将法律与它们区别开来。政治和道德可能决定法律，但是他们没有被认为本身就是法律。

第六，分权制约的司法体制和程序。西方传统法律文化中的司法与行政总是分权制约的。西方的法院组织出现较早，如雅典，不同性质的案件由不同的法院审理；罗马也实行民事法院与刑事法院分开设置的体制。同时，还规定了许多关于诉讼的专门原则和程序，如古罗马法规定"公开审判""严格形式主义""不告不理""一事不再理"等。这些都为注重权力制衡、程序公正的现代法治奠定了文化根基。

第七，法律的目的性。古代西方文明的正义观念中包含个人权利的思想，即视个人权利为正当的、合理的。如《法学阶梯》中说：正义是给予每个人他应得的部分的这种坚定而恒久的愿望。法律的基本原则是：为人诚实，不损害别人，给予每个人他应得的部分。这种个人主义观念既与西方宗教改革运动中新教精神相契合，更是整个西方文化自近代以来的主导观念，它充分倡扬了个体的地位、尊严、权利、价值和自由，符合现代法治理论所体现的人道、自由、平等和博爱等人本主义观念，因而法律本身就蕴涵着值得追求的价值。

二　中西方法律文化差异产生的原因

那么，这些差异是如何产生的呢？根本原因在于中西方物质生活条件的不同。这里试着回到历史源头，具体从地理、经济条件、国家起源和社会结构诸方面出发，来简单地论述二者之间差异产生的原因。

第一，中国与西方地理环境的不同。西方法律的源头无疑是古希腊，古希腊处于半岛之上，因地形所限，不适合种植小麦等粮食作物，因此古希腊的粮食主要依赖进口，但半岛的优点在于它有很多天然的良港，有更长的海岸线，为航海经商提供了有利的条件。工商业的发展使这里相对从事农业的人更容易摆脱对土地和人身的依附关系，而海上贸易又促进了商品的生产和流通。特别是希波战争以后，商品经济进一步冲淡了人们的血缘观念，推动了城邦政治的发展，促进了以契约为基础的自然理性思想的形成。同时，工商业的发展也促进了古希腊与外界的交往，加强了各种文化之间的交流与融合。在各种观念激烈碰撞的过程中，先进的观念被继承下来，落后的观念被扬弃，法律一直处于一种比较开放的状态，比较容易吸收外来的先进理念。

回过头来看中国，华夏民族起源于黄河流域，从地理环境上讲，北边是戈壁与草原，东边是大海，西边是高山，使中国处于一种相对封闭的状态。虽然也经历了朝代更替、战乱中兴，但从秦朝开始，大一统的国家格局就基本没有改变过。这种与外界隔绝、封闭的地理环境就造成了与海洋民族不同的、特有的心理与观念。我国的法律文化有很强的稳定性与历史延续性，不像西方社会有较大的开放性。另一方面，中国境内横贯东西的两条大河——黄河与长江，造就了周围面积比较广阔的冲积平原，这就为国家的统一提供了条件。而且农耕生活促成了以家庭为单位的小农经济形成，农耕文明具有一种稳定性，人们世代生活在同一片土地上，离开土地便无法生存，这种自然经济的自足性，也抑制了人们的流动欲望。使人们安于一辈子生活在一块土地上，缺少与外界的交流与沟通，缺乏一种开放式的包容心理，而更多地表现出一种封闭性。

第二，中国和西方经济条件的不同。古希腊的商业相对来说比较发达，如前所述，便利的地理环境决定了希腊的商业中心位置，使其形成了以交易行为为基础的商品经济，并出现了商人阶层和商业社会。在古希腊的法律中，规范商业活动的债法相对来说比较发达，另外，还有规定不同城邦公民间有关商业、信贷业务、各种买卖契约的诉讼程序的法规、商业条约以及由之派生出来的货币协定，这些已经成为国际私法的萌芽。以契约为基础的商品经济要求交易主体之间的地位平等，本身就孕育着人们自由、权利等法权观念，这也为高扬个人价值的制度和观念体系的形成提供了社会条件。所以在西方，法律制度是以权利为本位的，注重对个体权利与自由的保护，倡导一种平等思想。

在中国，地理环境决定了中国是一个以农耕为主的国家，社会的经济基础是以人力耕种为主的自给自足的农业经济，主要表现为普遍的个体小农经济。小农经济主要依靠生产的经验技术和劳力，这就决定了富有生产经验的长者和拥有体力的男子在生产中的重要地位，也自然形成了长辈对晚辈、父亲对子女、丈夫对妻子的领导和指挥。这种在农业生产中形成的关系，因儒家伦理法的强化而形成了宗法小农经济，也决定了中国古代统治者必须以宗法小农经济的存在形式——家为支点来制定符合现实而又便于推行的法律制度的客观必然性。在这种小农经济和小生产方式下孕育出的法权体系，必然以维护社会等级和人身依附为价值目标。因此，中国传统法律是以伦理法为主，以确立君主至高无上的权威，维护界限分明的等级制度和对民众的控制为主要内容，坚持礼教中心和义务本位，其法律文化具有等级性、专制性的特征。

第三，中国和西方国家的形成方式不同。中国法律更多体现的是具有军事独裁性的刑杀，西方法律则更多地强调权利。希腊国家是通过氏族内部平民与贵族的斗争，摧毁了旧的血缘氏族而形成的。关于这点，恩格斯有一段论述："雅典是最纯粹、最典型的形式：在这里，国家是直接地和主要地从氏族社会本身内部发展起来的阶级对立中产生的。"① 从提秀斯改革、梭伦变法，到克里斯提尼改革、伯里克利立法，每一次改革都是缘于氏族内部激烈的矛盾冲突。通过一次次的改革，削减了氏族贵族的权力，增加了平民及城市工商业者的权利，也使得雅典的原始氏族公社逐渐解体，代之而起的是雅典奴隶制城邦国家。在国家形成的过程中，法律起到了里程碑式的作用，雅典国家的形成正是通过一次次的改革立法来实现的。可以说古希腊雅典的国家政治史就是一部法律史，政治与法律构成了同一事物的两面，从而法获得了等同于国家的概念和效力。法在西方具有促进社会进步的杠杆作用，它代表着文明与进步，而不仅仅是刑杀。回顾希腊每一次平民与贵族之间的斗争可以发现，每一次权利与义务的重大分配都体现在法律的变迁上，法律不仅被用来分配和确定权利、义务，而且被当作权利的保障。可见在西方，法律更多强调的是一种权利观念。

相比而言，中国国家的形成方式完全不同于西方。中国古代国家是通过民族之间的战争完成的，胜利者成了国家的统治者，被征服者沦为奴隶，战争对于国家与法的形成起了决定性的作用。所以在中国古代，法更多的不是分配权利、义务的保障，而是镇压异族反抗的工具，它不是与权利、义务相通，而是与刑罚惩戒相通。

第四，中国和西方社会结构的不同。中国法律体现的是等级制度，西方法律则强调的是人人平等意识。雅典法在它最初时期，即提秀斯改

---

① 《马克思恩格斯选集》第 4 卷，人民出版社 1995 年版，第 169 页。

革时期还是以氏族为本位的，但是经过梭伦变法和克里斯提尼变法，雅典法逐渐由氏族本位转向了公民本位，即法律以公民个人为中心。雅典的民主在历史上称为大民主，以参与政治活动的人数众多而著称，在梭伦立法时期组成了"四百人议事会"为民众大会预审重大议决案；在克里斯提尼立法期间议事会的人数进一步增加，组成了"五百人议事会"，而且每个公民都有当陪审员、议员和行政官员的资格。据历史学家考证，雅典每次开庭时陪审员颇多，整个雅典经常有六千多名公民充任陪审员，而其公民总人数也仅仅四万人左右。即使按现代标准，陪审员所占比例也已高得惊人。这样高的参政比例也促进了公民平等意识的形成。当然，它最终达成的平等也只能是不平等基础上的平等，与今天理解的人人平等相比还有很大的局限性。另外，在克里斯提尼立法中，通过了一项废除按氏族划分公民的法律，取消原来的四个氏族部落，把雅典国家划分为十个选区，称"德莫"。"德莫"的形成，是把雅典国家分成三个地带：沿海地带、雅典城及其郊区地带、内陆地带。这样划分的目的，是打乱原有的户籍，分裂氏族，削弱贵族后裔的等级特权，打破人们之间的血缘亲情关系，人与人、人与社会、城邦之间更多地表现为契约关系。而这种契约关系以个人自主平权为前提，并且反过来促进个人主体意识的增长，使人人生而平等很早就成为西方人所追求的信念。

在中国古代，国家是以血缘关系作为社会的基本纽带，"亲亲""尊尊"成为中国古代人际关系的基本准则，使等级制度在个人生活和政治生活中间都根深蒂固地存活下来。礼在西周时期就确立了两大原则：一是尊尊；二是亲亲。尊尊为忠，亲亲为孝。二者强调的都是一种不平等，即差异性，所谓"君君臣臣父父子子"。亲亲意识表现在法律上就是：长辈对晚辈有教令权，甚至可以随意处死晚辈而不承担法律责任；子女对父母不孝要受到家法乃至国法的惩治，"父子相隐"，亲属犯罪可以相互代为隐瞒而不为罪等等。尊尊意识表现在法律上则是：统治阶级有种种凌驾于法律之上的特权，在周朝就有这样的规定，"礼不下庶人，刑不上大夫""命夫命妇不躬坐狱讼""公族无宫刑，不剪其类也"，这些都是对贵族官僚犯罪的一种特殊照顾。西方古代的那种平等平权观念，在古代中国根本没有合适的土壤，从而导致了中西方对于法律态度的差异。

小结

由此可见，中国与西方之所以走上两条完全不同的发展道路，在各自文明发祥之时就已初见端倪。中西法统的不同与各自的地理、经济、历史和思想文化等有着非常密切的关系。随着当今文化全球化的发展，中西方的法律文化也在不断地发生交流和碰撞。中国移植了大量的西方法律文化，在移植的过程中产生了很多冲突，为了解决这些冲突，就要对中西方的法律文化进行分析研究，了解它们之间存在的差异及源头。中国法律现代化的根本任务就在于改变几千年来一直影响着公众的法律价值取向，从改变人们的法律观念入手，再来对法律制度以至整个法律体系进行更新。历史发展的规律告诉我们，无论是中国传统法律文化还是西方法律文化都既包含着有利于社会主义现代化发展的成分，也包含着不利于其发展的因素。因此，培育适应社会主义现代化发展的新的法律文化既要面向世界，又要立足本国；既要充分体现时代精神，又要继承优秀历史传统。我们要在马克思主义理论的指导下，做好中西方法律文化的比较鉴别，继承优秀的传统法律文化，借鉴能够和我国实际情况相融合的西方法律文化，创建新的、有活力的、有发展的、现代的法律文化传统，完善我国的法律体制。

第二节　中西社会伦理观念差异及原因分析

一　中国传统社会伦理结构

在伦理人情方面，中华民族的重视程度与其他民族相比较而言，有过之而无不及。由于农业文明的基础，人们安居乐业，长期居住在有限的土地上，有限的土地能够不断给人们提供生存所需要的生活资料，这样家族越来越大，人口越来越多，大家彼此之间都或多或少地具有相同的血缘，形成了错综复杂的人际关系。在巨大的具有同一血缘的关系网中，人们"三百年前是一家"，都是自家人，低头不见抬头见的，当然要相互关爱、体贴、尊重。每个人都要约束自己的个性，使之不与群体发生冲突，从而才能保证个人最大利益的实现。真的产生冲突的话，家丑不可外扬，还得自家解决，长者、父母就是理所当然的纷争调解人。所谓帮有帮规、族有族规、家有家法，很自然地形成了宗法制度。

在宗法制度基础上，每个人首先遇到的问题是如何与周围的人和睦相处，当然人们遵守与日常生活息息相关的公认的伦理比较容易做到。逐渐地，家族越来越大，变成了国，国和家都是这样一个模式，从国君到平民，都十分重视人的德行，在道德方面都有一致的要求。如儒家提倡以孝治天下就是这样，因为在一个家庭中尊重父母是不言而喻的人伦，一个人只有在家庭里学会尊重父母，才能在社会上推己及人地尊重长者、领导；对国家而言，皇帝就像一家之主，为人臣的当然要对皇帝忠心耿耿。反过来说，父母在家庭中也要以身作则，皇帝也要为人臣做好榜样。中国社会在长期的发展中，水到渠成地形成了一整套伦理规范，每个人都是群体的一分子，不管他贫富与否、贵贱如何，他所面对的总是一组组的人伦关系，他必须在此中找到平衡，否则就会被视为"怪""不合群"，从而妨碍自己的人生发展。中国人的姓名就是这一文化特征的最直接表达，象征血缘、祖宗的姓氏在前，标示个人在家族中位置的辈分居中，个人名字在后。古代有坐不更名、行不改姓之说，姓不用说，谁敢违背祖宗？名是父母所取，父母之命岂能违背？

二　西方社会伦理结构

与之相对应的西方则是另一番景象。西方的地理位置和社会关系导致个人主义勃兴，家族、家庭关系的功能相对松弛，崇尚以个人为社会本位。因此，西方人的姓名，个人名字在前，姓氏在后。只是称呼人的时候称姓，保留了一点古风，如球迷非常喜欢的球星贝克汉姆（Beckham），称呼的是其姓，而不是其名大卫（David）。古希腊哲学家普罗泰戈拉就明确提出："人是万物的尺度，是存在者存在的尺度，也是不存在者不存在的尺度。"[1]表明了主体自我意识的重要性。在西方的观念里，个人或自我是独立的，是和他人相分离的、有形的、具有个人精神的个体。这样的个体是扩张的、外化的。可以通过个人奋斗来取得个人的成功，促进社会的发展，而只有个人得到充分的发展才能有社会的充分发

---

① 北京大学哲学系外国哲学教研室编译：《古希腊罗马哲学》，商务印书馆1961年版，第139页。

展。个人主义发展到存在主义这里则被极端化了，鼓吹所谓的"认识是绝对自由的"，"他人就是地狱"。

从以人为中心出发，西方主张人可以认识自然、控制自然和征服自然，从古希腊开始人们就开发和利用自然资源为人类服务，这一思想后来成为欧洲思想的主流。文艺复兴的伟大成就就在于重新发现人，使人经过上千年的教会统治之后又一次成为世界的中心，在此基础上，发现了世界，随着自然科学革命的进展，欧洲人愈来愈对人类自身充满了信心，认为人不同于其他存在，人能够控制自己的命运。地球为人类提供了无限的机会，地球上的资源是取之不尽、用之不竭的，即便是有枯竭的一天，人类也可以制造出新的替代物。人类历史就是一部不断取得进步的历史，人类面临的问题都会从科技和社会两个方面得到解决，进步是没有止境的。虽然这种观点受到了各种批评，但在西方社会中仍然占有很大的市场，直到环保主义的兴起，才略有回落之势。

由于中西文化强调的重点不一样，故而在社会发展形态的表现上有很大的差别。古罗马是很典型的奴隶社会，在当时的城邦中，自由民和奴隶的比例高达 1∶5 甚至 1∶10，一个城邦，也许自由民只有几万人，而奴隶有几十万人。奴隶的主要来源是战俘，贵族在发战争财中，分得的战俘是一笔不小的财富。而中国不但没有产生奴隶的条件，反而有一种制约奴隶产生的机制。夏商时代，民族主体是华夏民族，都聚集于中原地区，大家都是一家人。师出无名，战争往往打不起来；即使师出有名了，但对阵的往往是同一族亲友，某一方被打败了，胜者一方碍于情面，或说服弃暗投明，或遣散了事，不好意思让对方做自己的奴隶。当时只有少量的奴隶，但大多是卖身为奴。因此，中国的人文精神特别强调人格价值，讲天赋的人格价值。诚如孔子所说："三军可夺帅也，匹夫不可夺志也。"这就形成了两种鲜明的对比：一方面中国讲求的是"天下兴亡，匹夫有责"，勇敢地承担起对国家的义务；另一方面，西方却讲求天赋人权，认为人人都有自己的天赋权利。

三　根源分析

若从唯物史观的视角来考察中西方在上述方面存在差异的原因则在于两者文明产生的沃土不同，具体表现为：农耕经济与海洋贸易的不同。

中国一向有发展农业的优良条件。对于远古时代的原始人来说，在无法逾越的内陆式天然屏障之中，气候温和，雨量充沛，土壤肥沃，河流众多，最适宜发展原始农业。此后，随着疆土不断拓展，内陆式的格局一直没有改变过。三面高原一面海的地域特点，得天独厚的自然地理环境，孕育了中国农耕经济的形态。虽然中国也有商品经济的存在和发展，但是中国的商品经济一直都只是农耕经济的一种补充，历朝历代政府都奉行"重农抑商"政策，使商品经济的发展缺乏独立性，呈现随着社会变迁而波浪式前进的特色。虽然中国也有出色的航海能力，但其海洋贸易不是向外扩张，同样只是作为农耕经济的补充。

与中国相反，古希腊具有得天独厚的海洋贸易条件。沿岛海岸线曲折，多良港，岛内森林茂密，能为建造航海船只提供优质木材。通过航海，极易同当时先进的东方国家接触，从希腊半岛往东到小亚细亚不过50公里，登陆即可到达巴比伦，向南渡过地中海即可到达埃及。因此便于载着货物往返于地中海，进行海洋贸易。顺利时是商人，穷途末路时是海盗。故而，在《奥德赛》中，国王涅斯托尔很客气地问奥德修斯的儿子："你是商人还是海盗？"由此可见，两者同时是当地人尊敬的职业。随着地域的扩大，海岸线更加漫长，商人和海盗活动的区域更广，这就极大地促进了海洋贸易的快速发展。

黑格尔在其《历史哲学》中说道："水性使人通，山性使人塞；水势使人合，山势使人离。在西半球的北温带濒海形成了一个大陆，正如希腊人所说，有着一个广阔的胸膛。"① 可见，在不同地理环境基础上形成不同的生产力和生产关系，亦即生产方式的不同，为多元文明的发展提供了可能，孕育了不同形态的中西方文化特质。

第三节　中美枪支文化差异及原因分析

一　问题的提出

（一）美国

近年来，美国重大枪击案件频发，造成了极大的社会危害。其中以

---

① ［德］黑格尔：《历史哲学》，王造时译，商务印书馆1963年版，第124页。

校园枪击案居多。2006 年 10 月 2 日，美国宾夕法尼亚州兰开斯特县一所社区学校内发生枪击事件，造成 5 名女生死亡。2007 年 4 月 16 日，美国弗吉尼亚工学院发生一起枪击事件，造成包括犯罪嫌疑人在内的 33 人死亡，这起枪击案是美国历史上最为严重的校园枪击事件。2007 年 10 月 10 日，美国俄亥俄州一所高中发生枪击事件，一名 14 岁的学生开枪打伤至少 4 人，然后饮弹自尽。另外，重大社会枪击案在美国也频频发生。2012 年 7 月 20 日，美国丹佛《蝙蝠侠前传 3：黑暗骑士崛起》的首映现场发生枪击事件，至少造成 14 人死亡，50 人受伤。此外，在美国历史上，曾有 4 位总统都是遭枪击暗杀身亡。包括：林肯 1865 年被刺身亡；加菲尔德在 1881 年被刺身亡；麦坎尼 1901 年被柯佐罗滋枪杀；肯尼迪 1963 年遇刺身亡；里根总统也在 1980 年遭到枪击，但最终幸免于难。

美国是一个民主制国家，民间持枪合法，枪支买卖合法，持枪是美国人民的一项权利。在美国花几十美元就能买一个枪证，枪支爱好者家里收藏有几十支枪，可以用来打猎、防卫等。但每当悲剧发生，美国是否应该禁枪，禁枪是否合理等问题就被广泛讨论。

（二）中国

相比之下，中国枪支管理严格，是世界上执行枪支管理法最为严格的国家之一。全面禁止私人拥有步枪、手枪甚至是仿真枪。比起世界上许多国家，中国的涉枪犯案率要低很多。法律明文规定，禁止私人制造、销售、运输、持有及进出口子弹和枪支，包括仿真枪。私藏枪支最多可判处 3 年有期徒刑，而对涉枪犯罪的处罚则往往是死刑。2008 年 7 月，上海一名男子和他的妻子因为非法持有 3 支枪和 60 万发子弹，并在互联网上兜售武器，而被分别判处 12 年和 11 年有期徒刑。

由此可知，中美枪支文化差异巨大。

二 问题及文化分析

（一）枪支在美国是文化，无法禁止

虽然美国枪击案件频发，但禁枪仍不可能。美国公民人人有持枪权利，但不是人人都可以买枪。在美国南部和西部的州，持枪比较普遍，"美国步枪协会"（National Rifle Association）就是美国南部最强大的民间协会之一，在南部长大的布什总统就是这个协会的会员。美国南部和西部是美国牛仔的重要来源，也是牛仔精神的来源，所以，这些地方持枪率比较高，是保护持枪权的最大拥护地区。如在德州，在集市上就可以买到枪。而在加州比较谨慎，有执照的枪店才可以卖枪。在纽约禁枪最严，但纽约的犯罪率也是最高的。可见，犯罪率高低与禁不禁枪没有很直接的关系。瑞士，也是全民持枪的国家，持枪率与美国相当，但瑞士是世界最安全的国家，犯罪率最低。

从历史上来说，美国是一个崇尚武力、横枪跃马的民族。在历史上美国西部大迁徙时，大量淘金者西迁，他们没有镖局，全是靠父亲、丈夫、儿子拿着枪保护家庭。所以枪在美国是一个强大的文化，以至于里根总统在被刺杀、枪击右胸、肺被刺穿、差点身亡的情况下，他最后都坚决不禁枪。而且里根总统说了一句名言"枪不杀人，是人杀人"。

在民间，美国人民也常说"枪不是一种工具，枪是一种权利"。由此说明，在美国这样一个民主国家，持枪是人民的一项权利。虽然先后有四位美国总统被枪击致死，但美国也没真正禁枪，其根本原因在于美国人对"权利"的概念。持枪好与不好，不是由政府来决定。例如政府说放鞭炮不好，就把放鞭炮禁了，虽然放鞭炮不好，有噪声、污染、炸伤，但那是中华民族的传统，中华民族世世代代就得放鞭炮，中国人结婚不放鞭炮就觉得不正式。再如西班牙的斗牛，奔牛会造成踩伤踏死，但那就是他们的传统。而持枪就是美国人的传统，并且西方民主体制权利在民，持枪好与不好不能由政府来决定。

在美国，不是人人都喜欢枪，没枪的人很多。虽然美国民间有两亿多支枪，但由于喜欢枪的人拥有和收集很多枪，所以有枪的人大概只占一半。可是，绝大多数美国人都反对禁枪。除了枪支爱好者，其他的人认为，两害相权取其轻，虽然有人拿枪杀人，但在这个国家也绝不能给政府开了先例，让政府剥夺人民权利，违背《权利法案》。因为《权利法案》第二条规定：人民持有和携带武器的权利不可侵犯。一旦美国政府这样做，伤害到人民权利，美国人民的反弹会非常大。所以在《蝙蝠侠》首映礼上发生枪击案，奥巴马也只是谴责那个枪击者冷血而已。

由此可知，枪支是美国文化中的一部分，有其历史根源，永远也禁不了，就像鞭炮在中国禁不了。虽然它不好，但不好也是人民自己的选择。

（二）枪支在中国是危害，必须禁止

有史以来，中国都是一个尚文的国家，不像美国尚武，枪从来都没有被归为中国文化的一部分。传统上，中国的儒家思想讲究"仁政""以德治国"，君臣父子关系服从以"礼"。并且中国文化多为"中庸"，没有大的抵抗，讲究集体的和谐。所以，枪在中国被视为暴力和破坏的象征，不可普遍持有。

此外，中国近代以来的国情以及政治法律体系发展，也决定了在中国私自持有枪支的非法性。中国是一个有着庞大人口的人民民主专政国家，要维系一个人口大国的稳定，需要民主与专政的结合，对少数人一定的专政是对多数人民主的保障。所以专政性决定了人民手里不能持枪。试想如果在中国人人持枪，后果将是大乱，小则民不聊生，大则国家不保。在每个中国人的意识里，枪支是军队、警察用来保家卫国、维护社会秩序的，绝不能流入社会中，否则将是一种破坏和毁灭，所以，在中国必须禁止私自持有枪支。

三　从马克思唯物史观角度分析

首先，要厘清什么是马克思主义唯物史观。历史唯物主义，亦称唯物史观，是人类社会发展一般规律的科学，是马克思主义哲学的重要组成部分，是科学的社会历史观和认识、改造社会的一般方法论。唯物史观认为：物质生活资料的生产方式决定社会生活、政治生活和精神生活的一般过程；社会存在决定社会意识，社会意识又反作用于社会存在。人类社会的方方面面，比如经济、社会、文化、政治、意识形态、语言等都会受到生产方式的影响，而生产方式取决于社会存在，即地理因素和人口因素。马克思主义认为，物质资料的生产方式在根本上决定着整个社会生活的基础及其变更。由于生产方式不同，各民族人类社会的文化也会有所差异。

枪支文化问题属于上层建筑、社会意识，由不同国家、社会的不同生产方式决定。从地理人口上看，美国地大人稀，资源丰富，在一开始开拓生产过程中需要自我保护，避免来自他人甚至野兽的侵袭，所以形成了持枪戒备的传统习惯，逐渐形成一种文化传统，甚至写入宪法。另外，美国的资本主义生产方式决定了美国的一系列政治制度：总统制、共和制、民主联邦制、三权分立、主权在民。由此，宪法规定美国人民可持枪，政府就不可能禁枪，因为行政不可干预司法与立法，政府更不可剥夺人民权利。地理上，中国同样地大物博，但中国人口众多，首先要解决人民的吃饭问题，所以有史以来，中国就形成了农业生产方式，以及相对应的专制政治体制。在专制体制下，政府是统治者、领导者，所以枪支只能由军队系统持有，军队归统治者领导，以此来维系国家的正常生产秩序。

小结

通过以上比较与分析，可以看到中美两国枪支文化的巨大差异，其根本源于两国不同的历史文化。中美两个不同的民族在不同的地理环境下，选择了不同的生产方式，从而形成了不同的文化与思维，以及政治体制，最终导致枪支文化上的巨大差异。

第四节　中法女性地位变迁进程异同对比分析

一　法国

众所周知，西方国家大多都是基督教国家，法国也不例外。

在中世纪的法国，宗教是绝对的统治力量。此时的法国女性备受限制，没有政治权利，没有受教育权，没有工作的权利。从她们勒紧的束腰，沉重的裙摆就能看出她们处处受限。宗教给予男性更高的地位，在这样的制度下，女性只能被看作是男性的附庸。甚至在1789年的《人权宣言》中所指的公民并不包含女性。这时，法国出现了一位中文名译作奥兰普·德古热（Olympe de Gouges）的伟大女性，她在1791年出版了《女性人权宣言》，宣告了女性对自身权利的渴望。这一宣言，让更多法国女性开始思考。

1875年《法兰西第三共和国宪法》的颁布，标志着法国建立起资产阶级半总统共和制。即使在这样进步的制度下，虽然妇女的地位比起中世纪有所提高，但在资产阶级家庭中，妇女们依然不得外出工作，由她们的父亲、兄弟或是丈夫来保障整个家庭的生活，她们的责任就是营造良好的家庭氛围，教育下一代。经济上的不独立，必然使得女性只能依附于男性生活，她们以父亲、兄弟和丈夫的荣辱为荣辱，就更谈不上实现自我价值了。女性处于从属地位的观念甚至还得到了拿破仑的支持，他说，女性地位应当低于男性，因为女人为男人生孩子，但男人不为女人生孩子，女性的职责就是照顾家庭，教育孩子。

随着工业化进程的不断推进，法国女性不再把自己局限于家庭生活中，开始从事服装生产等产业的工作。同时，她们也开始争取受教育的权利。关于女子学校可以追溯到 1862 年，有一位叫爱丽莎·勒莫尼耶（Elisa Lemonnier）的女性创建了第一所女子职业学校。接受教育后，女性便可以更容易地参与到经济活动中。她们参加工作不仅是为了改善或提高家庭生活条件，更重要的是工作能让她们摆脱经济上对男性的依赖。尤其是在第二次世界大战之后，法国损失了大量的劳动力，这时，法国女性进入工作领域就成为一种必然了，这也成为她们提高自身地位的契机。

现当代以来，法国女性一直没有停下过争取自身权利、实现自身价值的脚步。例如，自 2009 年 9 月以来，在两个女权主义团体倡议下，2012 年 2 月 21 日，法国总理正式签署通函，要求今后在行政文件中逐步删除 "Madmoiselle"（小姐），"Nom de fille"（姑娘姓），"Nom d'épouse"（婚后姓）等称谓。Mademoiselle 一词在中世纪法语中指"处女"，在当代法语中指"小姐"，是对未婚女子及少女的称呼，而 Madame 一词的意思是"夫人，太太"。而与 mademoiselle 相对，对未婚男士的称呼 damoiseau 则已经废除了几十年，通用的对男性的称呼 monsieur（先生）一词却没有已婚、未婚的区别。法国女权主义者认为，mademoiselle 和 madame 的区分使用，既泄露了个人隐私，又带有明显的歧视，隐喻一个女人只有结了婚才实现人生价值，因此应当不再使用 mademoiselle 这一类词汇。

在现代法国家庭中，女性也处处与男性平等。大到买房子，小到一卷卫生纸，夫妻双方都要求 AA 制，女性不再依赖他们的丈夫生活，在婚姻生活中也有了更多的话语权。但是，有时候法国男性也会觉得法国女性太过强势，不太像女人了。这样的平等也让法国男性、女性的结合更加自由，加上法律上规定婚生与非婚生的法国孩子都享有一样的权利，对单亲家庭还有相应的补助，这让法国人更少地受到婚姻的制约，这也许是法国结婚率下降、离婚率上升的原因之一。

二　中国

在中国，家庭礼教的建立对于女性来说是一个坏消息。儒家礼教的核心是家国同构，社会要和谐，国家就要有序，有序就要有等级，臣民要服从君主，统治整个国家的是男人，而家庭权利结构和国家权利结构是一样的，家庭里男为主为尊，女为从为卑。封建社会对女性道德的设计与规划是女性在实践活动中主体意识缺失的反应与描绘。女性的职能越来越局限于家务劳动和生育子女，女性沦为男性经济上的附庸。经济上的寄生地位，使女性失去了自我发展和生育方面的主体性，成为男性设计、操纵的傀儡，沦为男性传宗接代和宗族延续的生育工具。封建礼教中，女性必须遵从三从四德。三从即"未嫁从父，既嫁从夫，夫死从子"，四德即"妇德，妇言，妇容，妇工"。同时，女性必须守节，从一而终，丈夫死后不得改嫁。至此，"守节"与"三从四德"成为封建社会里妇女应当遵守的最根本的道德规范。宋元时期，贞操观逐渐成为儒家道德观的重要内容，程颢提出"饿死事极小，失节事极大"，使女性坠入万劫不复的悲惨境地。"女子无才便是德"成为人们信奉的教条。封建礼教编织成的一张密封大网牢牢地将女性密封在内，中国女性主体意识在整个封建社会发展历程中呈现缺失状态，尤其到了封建社会后期，封建统治者的江山摇摇欲坠，统治者们为了稳固江山，加紧了对人们思想的控制和奴役，对女性的压迫更趋严重。

到了近现代，梁启超、孙中山等为了革命和改良的政治意图需要，在自己的革命实践中宣传了西方的女权主义和民主自由思潮，男性进步知识分子的同盟和领导为女性主体意识的觉醒提供了契机。五四运动时期、新中国成立至改革开放，女性的主体意识观念在不断地碰撞和斗争中日益加强，不缠足运动是中国女性主体性觉醒的第一步，这是对女性身体的解放，也是摆脱女性作为男性欣赏工具的第一步。而兴女学运动，对"女子无才便是德"发起了冲击。

20世纪初年，先进女性群体坚定地宣布："起起起，我女界当树立独立之帜，而争平等之幸福也；兴兴兴，我女界当撞自由之钟，而扫历史之秽史也。"有的女子刊物甚至发出了"女权不复，毋宁死"的口号。

改革开放后，女性的主体意识得到理性发展。这里以婚姻道德观的改变为例。

首先，随着女性社会地位和教育程度的提高，没有了政治、礼教、风俗等严格要求，她们拥有了足够的自主权，对婚姻和家庭也有了自己的见解和要求。

其次，自由、晚婚成为女性新的婚恋态度，女性的生育观念由过去的早生、多生演变为今天少生、优生的观念。

最后，人们对于女性婚前性行为的态度越来越宽容，认为这是女性主体意识的觉醒，是女性性解放的一大进步。

这些都是对古代守节和一夫多妻制度的颠覆和冲击。同时，更多的女性在职场中获得成功，这也是中国女性地位提高的主要因素。

三　比较异同

法国女性与中国女性为争取自身权利都作出了长期而艰苦的努力。长期以来，中法两国女性都受到男权的压制，被剥夺了受教育权、婚姻自由选择权以及工作的权利，但不同的是法国女性最初是受到宗教的限制，而中国女性则是受到传统封建礼教的限制。但随着社会的进步，这些状况都有改善。从中世纪到资本主义制度的确立，到今日成为发达国家，法国社会生产力不断进步；而中国也经历了从封建社会到新民主主义时期，从改革开放到今天迅速崛起的大国，生产力的突飞猛进举世瞩目。这样的形势下，使得人们的思想也在进步，女性开始重新思考自身价值。思想意识的改变，让女性不断努力，不断提高自己的地位，让今天的世界不再只是男人的天下。

另外，我们可以看出，每一次女性地位的提高，均是由先进的个人或集体发起相应活动的，例如文中提到的法国的奥兰普·德古热（Olympe de Gouges）、爱丽莎·勒莫尼耶（Elisa Lemonnier）、中国的维新派等，但真正实现男女平等则需要全体女性、全体人民一起去努力，才能改变固有的制度。正如马克思唯物史观指出的那样，人民群众是历史的创造者。女性的解放还有很长的路要走，我们仍须努力。

第 六 章

中西文化价值观比较分析

对文化的理解林林总总、莫衷一是，其含义也成百上千、可大可小。广义上说所有的人们关于人类社会与自然界的认识和物质层面都可以认为是文化，狭义上是排除物质层面仅指认识和精神层面。本章不可能把中西各种文化都兼顾到，仅仅选取中西文化中最重要的表达方式——语言的差异加以重点分析，另外，分析了与人们日常生活最息息相关的广告，以及每个人都会用到的姓氏这两种文化现象，并对其中的深层次原因进行思考。

第一节　英汉语言文化差异及分析

一　地理环境差异导致语言文化差异理论分析

马克思主义认为，物质资料的生产方式在根本上决定着整个社会生活的基础及其变更，因为任何民族无论怎样赋有自身的特殊性，都无例外地首先必须采用一定的生产方式解决衣、食、住、行等生存问题，然后才能进行社会分工，去从事其他社会活动并构建精神生活。而人们为了解决生产方式中的各种矛盾，不得不发展其内部和外部的交往关系，文化就是在解决这些共同矛盾——人与自然的矛盾和人与人之间的社会矛盾——的活动中发轫和沿革的。所以，生产方式的存在和发展同样是文化形成和演进的基础。由于生产方式不同，各民族人类社会的文化也会有所差异。

文化差异与语言差异之间存在密切的联系，文化差异是语言差异的根源，而语言差异是文化差异的外在表现形式，并通过词汇、习语、交际语和体态等语言要素体现在语言的实践中。本节运用人类社会生产方式决定论，从地理因素差异的角度分析英汉两种语言文化的异同。

不同的地理环境为形成不同的文化提供了选择性，如中国文化作为大陆文化，既不同于交通不发达的古代囿于海洋的孤岛文化，也不同于邻近海洋的海洋文化。文化的形成离不开自然地理环境的影响，特定的地理环境造就了特定的文化，而特定的文化又产生了特定的表达方式——语言。由于自然地理环境的不同，不同地域的天气气候和经济生产方式也有所不同，在此基础上产生的语言词汇及其内涵意义在表达上也会有不同。

语言是民族文化的一面镜子，是文化的民族表现形式，语言的基础是词汇，词汇的核心是语义。语言与文化的关系可以从语义和文化的关系来说明，由于不同民族的地理环境、生活生产方式有差异，某一特定词汇的文化伴随意义对于不同民族来说，往往不一致。

对于中文和英语来说，两者都有丰富的习语、成语和特定的表达方式。有的习语，中英表达相似，意义也相近，如：汉语里的"好久不见"，在英语里可用"long time no see"表达。有的习语或表达方式则由于地理差异而相距甚远，如：英语里"to miss the boat"对应的汉语意思为"错失良机"。以下就地理环境差异分析英汉两种语言的不同。

二　英汉语言文化差异分析

（一）地域不同导致天气气候不同而产生的词汇差异

1. 对"季节"的理解

中英两国对季节的理解，最大的不同体现在对夏季的表达上。

第一，英语。英国地处西半球、大西洋东岸，是北温带海洋性气候，其夏季正是温馨宜人的季节，人们常常用"美好""可爱""温和"来描述它。比如：莎士比亚在他的十四行诗中把爱人比作夏天，"Shall I compare thee to a summer's day? / Thou art more lovely and more temperate."能否把你比作夏日璀璨？你却比夏季更可爱温存。因为英国的夏天并没有中国的夏天那样"赤日炎炎似火烧"，而是像中国江南春天下旬的气候。

第二，汉语。中国大部分地区处于温带，与世界同纬度地区的平均气温相比，四季气温特征较明显。夏季气温偏高，春季气温相对适宜，所以在汉文化中，夏天常与酷暑炎热联系在一起，如："烈日炎炎""骄阳似火"。而春天常常是人们赞美的对象，它往往象征着"喜悦""生命""希望和未来"，比如"枯木逢春""妙手回春"等。

2. 对"风"的理解

中英两国人对东、西风的认识有截然不同的理解和联想含义。

第一，英国。英国地处西半球，北温带，属海洋性气候，西风从大西洋吹来，预示着生机和活力，报告着春天的到来。英国杰出的诗人雪莱在抒情长诗《西风颂》中，用西风代表希望和力量，坚信美好的春天必然到来，正是对春的讴歌，"If winter comes, can spring be far behind?"冬天来了，春天还会远吗？在英国，东风是从北冰洋南下的凛冽的寒风，带来的只是寒冷和萧条，英语中与风有关的词还有，如：get the wind up（受惊吓，害怕）、raise the wind（筹款）、take the wind out of sb's sails（先发制人）、get one's second wind（重振旗鼓）、sound in wind and limb（健康极佳）、hang in the wind（在风中摇摆不定，犹豫不决），等等。

第二，汉语。中国气候受陆地影响强烈，具有较强的大陆性特点，大陆性季风气候显著。在中国，东风是温暖的，来自西伯利亚、蒙古一带的西风才是刺骨的。春季受来自太平洋的东南季风和来自印度洋的西南季风影响，东风吹来，大地回春，万物披绿，因而东风象征着生机和希望。中国人把东风当作重要条件，比如："万事俱备，只欠东风。"在中国文学作品中，东风被赋予了胜利、正义和力量等文化内涵。在汉语的文化氛围中，"东风"即是"春天的风"。如李白的诗"东风随春归，发我枝上花""东风洒雨露，会人天地春"，等等。

另外，汉语里春风是美好愉快的象征，如："春风得意""满面春风"等；有时喻指美景或形势，如：风清月朗，风调雨顺，风云变化；但有时喻指谣言，如：空穴来风，风言风语，满城风雨，等等。

3. 对雨的理解

第一，英语。英国是个岛国，由于受北大西洋暖湿气流的影响，岛上的气候特点是雨量充沛，风大雾多。由于晴天少，雨天多，且多阵雨，所以英国人出门常常带把雨伞。而由"雨"和"雾"构成的英语词汇在英国人的语言里出现较多。比如：和"rain"（雨）有关的词汇有：as right as rain（一帆风顺）、come rain or shine（不论情况如何）、be rained off（被取消了）、for a rainy day（以备不时之需），等等。这也就不难理解英国人在见面后，经常聊的话题都会跟天气有关。

第二，汉语。中国由于大陆季风气候显著的特点，夏季普遍高温多雨，但汉语中关于雨的词没有英语中多，比如雨后春笋、未雨绸缪、翻云覆雨，等等。

由此可见，地理环境差异引起的天气气候差异不仅造成词汇文化意义的差异，还引起比喻含义的不同。

（二）地域不同导致经济生产方式不同产生的词汇差异

1. 英国地理环境与其语言文化

英国四面环海，沿海多风，海产丰富，英国人早期的生活很大程度上依赖于海，他们在与海的斗争中创造了"海的文化"，这一文化在英语语言词汇中体现得淋漓尽致。因此，在英语中与"海文化"有关的词随处可见。

第一，与"海水"有关的词汇。plain sailing（一帆风顺）、a sea of debt（大量债务）、at sea（不知所措）、a drop in a sea（沧海一粟）、keep one's head above water（奋力图存）、between the devil and deep sea（进退两难）、spend money like water（比喻花钱浪费，大手大脚，挥金如土），等等。

第二，与"鱼"有关的词汇。英民族长期对鱼类的观察结果在其语言中得到了充分体现，a queer fish 或 a strange fish（奇人、怪人）、a cold fish（冷漠的人）、a poor fish（可怜虫）、drink like a fish（很会喝酒）、feel like a fish out of water（感到不自在）、have other fish to try（另有他事要做）、a big fish in a little pond（小地方的要人）、as mute as fish（默不作声）、a cool fish（无耻之徒）、fish in the air（缘木求鱼）、fish or cut bait（不要举棋不定，而要当机立断）。

第三，与海上生活息息相关的词汇。英国土地面积不大，但海岸曲折，海岸线长，海港水深，具有天然良好的航海条件。航海对英国经济的发展和海上霸主地位的确立起了重要作用，造就了"日不落"的英国。一个人在长期的海上生活中，把观察到的现象和积累的经验应用到语言中，形成了许多与海上生活息息相关的习语。如 know the ropes 原来指的是在帆船时代，船上众多的风帆都是由一整套绳索系统来控制的，熟练的海员必须对这些绳索的功能了如指掌，才能在变化无常的大海上操作自如。后来他们把这一习语引申，用在其他地方表示"知道窍门"的意思。又如 cut and run 原来指抛锚停泊的船遇到紧急情况，如风暴、海盗、敌船等，人们来不及等待缓慢地起锚，而断然采取措施砍断锚绳迅速逃跑；现在 cut and run 广泛地用来表示在任何情况下的"赶紧逃跑"，这个意思已经跟锚绳毫无关系了。

第四，与"马"有关的词汇。英国是个山小地峡的岛国，古代主要靠马耕，故与马有关的俗语特别多，如：horse sense（基本常识）、a dark horse（黑马，即出人意料的获胜者）、change horse（换班）、back the wrong horse（下错赌注）、put the cart before the horse（本末倒置）、work for a dead horse（徒劳无益），等等。

2. 中国地理环境与其语言文化

第一，与海有关的词汇。中国虽然也临海，而且海岸线很长，但航海业一直处于落后状态，因此与航海有关的词虽有，但数量不多。如：见风使舵、乘风破浪、风雨同舟、逆水行舟等；与渔业有关的，如：涸泽而渔、临渊羡鱼、坐收渔利、如鱼得水，等等。

对于大多数中国人来说，海洋是那么广阔无边，那样遥远、神秘莫测，所以汉语中有关海的词语的意义往往跟英语不同，如：海市蜃楼（strange and unreal appearance），浩如烟海（as vast as a misty ocean），海纳百川（all rivers flow to the sea），天涯海角（remote places），海阔天空（ as boundless as the sea and sky），海外奇谈（a tall story），沧海桑田（time brings great changes to the world），山盟海誓（lovers′ vows），海枯石烂（an oath of unchanging fidelity），等等。

第二，与农业相关的词汇。中国自古是典型的农耕社会，人们过着自给自足的农耕生活，农业是国民经济的重要支柱，农业在历代政府中都受到极大的重视。因此产生了许多与农业相关的谚语，如：庄家百样巧，地是无价宝；人勤地不懒，勤奋谷满仓；田里无神无鬼，全靠肥料土水；庄家老汉不知闲，放下锄头拿扁担；农夫不种田，城里断炊烟；田像一块铁，在于人来打；等等。

农耕社会以牛耕为主，故汉文化对牛多有偏爱，与牛有关的词语很多，如：牛劲、牛脾气、牛角尖、孺子牛、牛衣对泣、牛鼎烹鸡、牛角挂书等。

以农业为主，人与土地有着不可分割的联系，因此也产生了许多与农耕有关的成语、谚语、习语，如：五谷丰登、瓜熟蒂落、良莠不齐、揠苗助长、春华秋实、十年树木、顺藤摸瓜、斩草除根、解甲归田等。

第三，与"土"有关的词汇。古代中国是个内陆国家，土地至关重要，所以汉语中有很多与"土"有关的词语，如：土崩瓦解、土生土长、挥金如土等。

小结

通过以上大量例子的比较，我们可以看到由于地理环境的差异，英汉语言在表达时会出现不同的词汇，这是受到不同文化的影响。而所有这些语言文化的差异都是由于不同的地理环境差异造成的。因为不同民族在不同的地理环境下，选择了不同的生产方式，进而以不同的思维习惯进行思考，所以语言表达习惯也有所差异。因此，很好掌握英汉双语语言文化差异，对于英汉语言文化学习者而言帮助较大。

第二节　中西广告文化差异及其成因分析

广告作为一个充满活力的行业，在今天已经取得了巨大的发展，各种各样的广告像空气一样存在于我们生活的每一个角落，翻开报纸、打开电视、浏览网页、街头巷尾、听收音机，到处都有广告的影子。在现代社会中，广告已经不单单是一种商业行为，在某种意义上它更是一种文化现象。中国的广告文化和美国及西方国家之间从整体上说存在各方面的差异。我们先来看看中西方广告文化各自的特点，以此对比它们的差异。

一　西方广告文化的特点

（1）西方文化强调个人价值，在广告上追求自我的感官享受和价值需求，重视自我的价值实现，善于表现矛盾、冲突，强调刺激、极端的形式，以突出个性为创意焦点，突出个人主义的价值观，表现自我。

（2）西方广告中展现的是一种激烈竞争态势的生活基调，并且广告对这种激烈竞争的态势并不是持否定的态度，而是强调要积极应对。这和西方人功利主义性格是密不可分的。

（3）西方广告还常常采用恐惧、夸张、幽默的手法来劝说人们注意安全、戒烟、戒酒、戒毒等。西方人，特别是美国人天生具有幽默感，如果他们评价一个人没有幽默感，那其实是很糟糕的评价，这种幽默感也经常体现在广告中。

（4）西方的广告文化呈现开放、多元的特征。西方人强调从文艺复兴以来出现的短期的政治机制，他们漠视自己继承的、可以追溯到古希腊时期甚至是更早时期的古代文化遗产，而更愿意把关注的焦点放在自己文化的创新上，尤其是美国人，他们更强调快速的变化和发展观念。

二　中国广告文化的特点

（1）中国文化强调以"家"为中心的群体价值，中国文化中的"家"具有特殊的重要性。正因为"家"在中国文化中具有多层面的丰富意蕴，广告人才会不约而同地将产品与"家"相结合，力求让目标受众产生共鸣。

（2）中国文化是和谐文化，艺术偏重抒情性。广告表现偏重均衡、统一，即使有些矛盾冲突，也会以"皆大欢喜"为结局。倾向于表现个体与亲朋共享产品带来的欢乐，表现个体价值体现于某种群体或共性的价值中，这是中国广告文化与西方广告文化的显著差异。

（3）中国对自己悠久、持续、统一的历史传统有着自豪感，这一自豪感在广告传达中则呈现出较为显著的纵向比较和延伸，如"数百年的工艺""传统的酿造""古代宫廷的珍贵秘方"等，并且喜欢在现代产品广告形象塑造中融入传统的诗歌、曲艺、服装、书法、道具等。

总的来说，西方的广告文化是一种外向型的文化，具有很强的扩张性和渗透性。而中国的广告文化是一种内敛型文化，重国、重家、重情。每一种文化都有它存在的合理性，也都有一定的局限性。一个民族的文化背景毕竟是单一的，在当今世界一浪高过一浪的全球化浪潮中，无论是中国的广告还是西方的广告要想生存和进一步发展，必须进行文化的对话与跨文化的传播，也就是要实现中西广告文化的互跨和融合。

三　中西方广告文化差异的成因

马克思辩证唯物主义认为，任何事物都具有矛盾，矛盾是普遍存在的，并存在于事物的发展过程中。然而，任何事物，任何运动形式，其内部都包含着本身特殊的矛盾，这种特殊的矛盾，就构成这一事物区别于其他事物的特殊本质。这也是世界上各种事物之所以有千差万别的内在原因，或者叫作根据。广告文化作为一种新兴的事物，也不例外，它也存在着自身的矛盾。中西方历史文化各自的特殊性，造成了广告文化的差异。

（1）不同的心理结构。中国国民稳固的心理结构，以"宽仁""务实""忍耐"为基本内容，形成中国人特有的文化心理。西方人的心理结构较为复杂松散，以"人本""认知""行为"为其基本内容，形成西方特有的文化心理。

（2）不同的地域环境与人文环境。中国作为四大文明古国，以居住地为本，衍生出"家本位"。家庭观念强，尤其以亲情、友情、爱情为主题的广告在中国屡试不爽。而西方国家不及中华民族历史悠久，加之地域狭小，经常迁徙，家园观念淡化，强调自由的生活及个人冒险超越。地域文化在构成本地区独特而丰富的文化外，也阻碍了其他地域的人对广告文化的理解和感知。

（3）思维方式的差异。思维方式的差异影响了广告的创意和传播等各个方面。中国人注重感情和关系的微妙交流，而西方广告则直截了当地将信息传递放在首位。这就是为什么在西方的广告表达中，尽管它会采取艺术或幽默的手法，但总是开门见山，在广告中直接表达其信息内涵，很少留有余地让受众思考、玩味。

（4）经济因素。广告文化要受到各国经济状况的影响和制约。中国由于受到经济条件的限制，消费过程中仍然特别重视产品的功能，尤其是产品带来的物质利益。而西方由于经济高度发展，人们更多地注重品牌附加值、心理利益、消费体验等。不同的经济环境就造成了中西广告诉求内容上的差异。

（5）市场化程度。西方消费市场细分化明显，受众调查也较充分，因此在媒介投放上采用"精确制导"的策略。而中国受众需求、喜好具有较强的趋同性，对于广告主来说，最简单的广告投放方式无疑就是强诉求、强灌输、高密度，漫无目的地"扫射"。

中西方广告文化的差异，其实就是中西方文化差异在广告上的表现。根据目前中西文化差异的现状以及全球化背景下文化融合的趋势，中西方广告文化未来的发展应该会呈现两种趋势并存的状态：一方面，中西方广告会继续体现各自的文化特征，以自身文化背景为土壤，紧紧抓住当地受众的心理特点，进行运作；另一方面，随着全球化趋势越来越明显，中西方文化交流越来越频繁，中西方广告势必也会互相取长补短，相互借鉴。

第三节　中西姓氏区别及原因分析

姓氏是人类社会进步、文明发展的标志之一，它在人们的社会交往、政治活动和经济生活中发挥了重要的作用。而不同文化背景下所产生的姓氏系统也存在很多不同，唯物史观认为社会历史的发展有其自身固有的客观规律。物质生活的生产方式决定社会生活、政治生活和精神生活的一般过程。本节将从唯物史观角度对比汉语和英语的姓氏区别，帮助我们深入了解汉语、英语姓氏的历史渊源和二者背后的文化内涵。

一　汉语姓氏和英语姓氏的来源

从唯物史观角度来看，姓氏的产生、衍化、发展经历了一个漫长的历史时期，它是社会发展到一定阶段的文明产物；它从一个侧面体现了一个国家在一个时期内的文化现象，是国家历史悠久、文化昌盛的象征。

中华民族在三皇五帝（距今约五千年）以前就有了姓。当时还是母系社会时代，这也就是为什么中国最早的姓都和女性有关，如炎帝姓姜、黄帝姓姬、虞舜姓姚等。换句话说，中国人最早是从母姓的。到夏、商、周时期出现了氏，姓和氏是分开的。"姓"是指居住的村或者所属的部族名称，"氏"是由君主所属的封地、所赐的爵位、所任的官职或者死后按功绩所追加的称号而来。所以在当时，贵族有姓有名，也有氏；而平民有姓有名，但没有氏；这也就是史书上所说的"男子称氏以别贵贱"的由来。而当时的女子在家只能按孟、仲、叔、季等排行相称，且夏、商、周三代实现严格的"同姓不婚"制度，因此女子出嫁时都要用姓表明血统，并在姓前冠上排行，如我们所熟知的"孟姜女"，并不是姓孟名姜女，而是姜姓长女的意思。大约在秦汉时代，姓与氏混合为一，到司马迁撰写《史记》时，二者已经没有什么区别。如项羽先世封于项，所以姓项氏等。姓氏的统一表明"在进入封建的大一统社会后，姓氏的区别意义对社会的发展已毫无意义"①，这一演变也是社会发展的客观规律。

英语的姓氏产生时间要比汉语晚得多。在诺曼底人征服英国之前，由于英伦半岛上的盎格鲁—撒克逊人还处在较落后的部族社会阶段，血缘关系是构成部落内部群体间联系的纽带；也由于生产方式的落后，交通的闭塞，当时的人们没有姓，只用名就能够满足内部交际的需要。公元 1066 年诺曼底人的入侵改变了英国的社会现状，也为姓氏的产生创造了条件。国王 William 实行的"分地封侯"政策扩大了人们的交际范围，大批外国工匠的涌入促进了各行业的发展，使得以"名"为主的命名方式已经不能满足社会发展交流的需求，人们开始在人名后边冠上说明语来区分同名人，随着说明语的简化最终英语姓氏开始形成，如 John from the hill，简化为 John Hill。自 11 世纪到 16 世纪文艺复兴时期，基督教要求对姓氏进行登记，姓氏才得到普遍使用。

从历史发展的角度看，姓氏的演变发展受到社会制度、思想意识的影响和制约，同时也深受来自不同民族文化因素的干扰和渗透。可以说姓氏这一文化现象是人类思想意识和社会文化的必然结果。

二　汉语姓氏和英语姓氏的分类

根据以上来源分析，我们可以对汉语姓氏进行分类总结。姓氏主要分为：

（1）以氏为姓。自氏族社会晚期至夏、商时代，如姜、任、姚等。

（2）以国名为姓。夏、商时期封侯，大大小小的诸侯国遍布九州，这些国名后来成为子孙后代的姓。如杜、宋、郑、吴等。

（3）以居住地为姓。如东郭、西郭、南郭等。

---

① 程裕祯：《中国文化要略》，外语教学与研究出版社 2003 年版，第 92 页。

（4）以先人的字或名为姓。如周平王的庶子字林开，其后代姓林。字由名演化而来，一般用于下对上、少对长或对他人尊称，因为在古代直呼其名是很不礼貌的。

（5）以排行官职为姓。如司马等。

（6）以职业、技艺为姓。如巫、陶等。

（7）古代少数民族融合到汉族中带来的姓。如慕容、呼延、宇文等。

（8）因赐姓、避讳而改姓。如郑成功就被赐姓为"朱"。

（9）源于原始部落的崇拜图腾。如马、熊、牛、叶、水等。

（10）还有一些以食物、颜色为姓。如柴、米、油、洪（红）、黄等。

（11）以地形方位为姓。如山、川、田、左等。

而英语姓氏广泛的来源范围使得其数量十分庞大，缺乏足够资料进行来源分类，所以这里采取笼统分类，可将英语姓氏分为以下几类：

（1）地名为姓。如 Disney, London, York 等。

（2）职业为姓。如 Glass, Painter, Taylor 等。

（3）小名为姓。如 Smart, Hardy, Wise 等。

（4）关系为姓。如 Johnson, Johns, Morson 等。

（5）前征服者的名字为姓。如 Cutmore, Edmans 等。

（6）宗教名为姓。如 Adam, Pope, David 等。

（7）社会阶级地位为姓。如 King, Queen, Prince, Duke, Knight 等。

（8）种族为姓。如 Scott, France, Rome 等。

（9）自然物为姓。如 Lion, Fox, Sheep, Tree, Wood, Hill, Stone, Pool, White, Black, Winter, Snow 等。

（10）人类行为为姓。如 Hunt, Rope, Cheese, Bridge, Penney 等。

（11）关于精神道德的词为姓。如 Noble, Fear, Valiant 等。

（12）其他。如 Goodday, Health 等。

通过对汉英两种姓氏的分类情况观察，我们可以发现，姓氏的种类已经涵盖了许多方面，如自然科学、社会科学、神学、人类学。通过研究它们可以让我们更加深入地从宗教信仰、社会变迁、社会地位、自然崇拜等方面了解社会发展的过程，探讨文化发展的趋势。

综上所述，我们可以得出这样的结论：汉语姓氏和英语姓氏都是人类社会发展、进化的历史产物，是人们认识世界、了解自我的必然结果。

在长期的演变过程中，汉英姓氏均经历了从产生到相对固化的过程，形成了各自的一套完整体系，并在社会交际中发挥着重要的作用。姓氏不仅仅是语言的组成部分，更是人类文化的组成部分。社会文化因素对姓氏的形成具有强大的制约作用，使得汉英两种姓氏具有鲜明的民族文化特色，并反映出各自的民族信仰和传统精神。

第 七 章

中西教育价值观差异比较分析

教育问题涉及社会上的每一个家庭，也是日常生活中大家争论最多的话题。中西方对教育的认识究竟有多大的差距，为什么会产生这样大的差距？应该如何理性地对待这些差异？这一系列的问题拷问着每一个中国家庭和中国人。本章用了大量篇幅针对人们最为关注的中西教育中的几个方面差异加以分析，其中包括中西方对教育活动中各位参与角色的认识和定位、对学校教育的不同要求、家庭教育中的各种差异，甚至细致到对未成年孩子谈恋爱这类话题的不同看法。希望通过这种分析能够给中国家长和教育工作者以启迪。

第一节　中西对教育角色及其关系的不同定位

教育，就如同我们的衣食住行一般，已经成了大众离不开的话题。教育作为传承文化与创新的工具，其自身就是带有强烈民族性格的文化活动。孩子们自从学会走路和说话以后，就要进入教学机构开始漫长的学习，接受各方面的教育。谈到教育，我想我们每个人都有发言权，因为我们都可以算作"过来人"。仔细算算，到现在为止，我们每个人至少已经接受了十六七年的中式教育。问问周围的朋友，又有几个会说，这么多年的学习是心甘情愿甚至乐在其中呢？由于全球化的影响，我国从20世纪80年代起已经进行了八次课程改革。在其过程中，中国不断引进西方的教学方法和教学理念，希望能借鉴国外先进、成功的教学经验来完善我国的教育，培养出新型的人才。然而，多次的改革似乎都不尽人意，我们在引进西方的精华时，变革的只是教育的形式，却忽略了教育背后所蕴涵着巨大的文化差异。中西方由于数千年的地理、历史差异，逐渐形成了不同的文化。接下来我们将以历史唯物主义为基础，从两方面分析中西方教育的文化差异。

一　受教育者

（一）中国学生：被选择

细细回想，似乎从进入小学的那天起，有关教育的一切事物都已经被学校、老师和父母们安排得妥妥帖帖，无论是不是我们想要的。我想，也许是因为我们的年纪还小，还不知道为自己选择怎样的道路比较合适，所以大人们帮我们都包办好了。可是，随着我们渐渐长大，我们肩上的书包越来越重，直至压得我们再也没有时间和精力在操场上嬉戏打闹。从早到晚三点一线的生活，为的只是在老师和家长眼中极其重视的升学考试中取得一个好成绩。每天把头埋在厚厚的书堆中，我们似乎早就忘了去思考，这些真的是我们想要的吗？而又有多少人还能清晰地说出心中的梦想是什么。对于我们学生来说，一切都是被动的选择。

中国学校对于"三好学生"的定义大致是：人品好，素质高，潜能强。而人品、素质和潜能，这三点都是属于自我无法鉴定的，只有社会通过学生一系列的行为来判断。比如说这个学生遵纪守法、尊师重道、尊老爱幼、遵守"八荣八耻"，遵守这个社会通俗化、表面化的传统伦理道德说教，那他就会被认定是人品好。这个学生德、智、体、美、劳全面发展并且各个方面都很优秀，符合中国社会对素质人才的界定，那么他就会被认为素质高。至于"潜力强"这个很难界定，但是中国人独特的成才思维认定，如果这个学生学习很轻松，付出的努力少，但是成绩优秀，就被认定为一个潜力很强的学生。中国人对于"好"学生的标准都是站在社会的立场上，学生是出于一种被认定和被定义的地位，他们虽然外表上恪守社会的道德评价机制，但是在他们的内心深处很难达到对这种评价的情感认同。

历史唯物主义认为，经济基础决定上层建筑。也可以说，经济决定了政治和思想文化。从文化层面上来看，这种注重外部的评价，是中国农耕文化这颗种子所发散出来的一株枝蔓。在古老的农耕社会，个人的能力都是有限的，必须依靠团体的合作，才能保证粮食的收成。在长期的劳作过程中，中国人越来越注重群体，希望得到社会的认可。这使他们在选择和决定自己的行为时，十分留心他人对自己行为作出的反应和期待，尽量避免窘迫与冲突，常带有自我反省、克己、慎独、三省吾身的想法。这种文化传统在不同的历史阶段以不同的形式深入到中国人的日常生活当中，中国人总是注重"面子"问题，总是有独特的处世哲学，以图得到社会的认可。中国的学生也是如此，为了达到"好学生"的标准，总是活得很小心翼翼。即使已经成为了"好学生"，他们相比于外国的同龄学生而言，更为沉静。

（二）西方学生：自我选择

同样对于西方学生来说，也有他们独有的一套评价好学生的标准。而他们的标准大致可以概括为：热情、有归属感、有恒心。可以看出，西方对好学生的这三条判定准则，实际上都是从学生的内心感受所出发的，都是学生自己能够感知并且控制的能力。即使在个人和社会的关系上面，西方人非常注重个体的独立性，强调的是自己内心的归属感。相比起法律，他们更注重自己心里的准则。

同样，根据历史唯物主义观点，社会存在决定社会意识，这也是很典型的海洋文化所孕育的性格。西方国家由于在地理位置上大多沿海，而他们的贸易往往需要通过海上的运输。因此，这也决定了西方的古代文明多数是在人与海的搏斗中展开，所以他们性格中有一种自然界是可以征服的"物我"两分的态度，他们有很强烈的个体本位意识。每个人都是不同的个体，生命的价值就体现在自我的选择上。从文学作品中，就可以看出这种对注重自我内心选择的强调，在《俄狄浦斯王》中，俄狄浦斯王虽然逃不出命运的安排，但是他选择承当——将自己流放而不是自我了结。在《失乐园》中，上帝预见而不预定，因为每一个人都有选择的权利，人可以选择留在伊甸园也可以选择堕落。西方的学生很注重这种选择的权利，他们忠于自己的内心感受，"激情、归属感和恒心"这些社会没有办法界定的品质才是他们自我意志选择的体现。

二　教育者

教育者，作为传播知识的载体，在中西方不同的文化中，也存在着极大的差异。中国人对教师的印象，总体来说可以用"敬而远之"这样一个词来形容。这样的感觉，我想大概是由于从小学到高中，一些资质不够的教师所带给我们的阴影吧，而且我相信，整个中国应该有不少学生有类似的感想。而在西方的很多影视作品中，教师是"为师不尊"，虽然也有教师的奉献精神，但是他们更具有体制之外的特色。

（一）中国教师：严父慈母

在中国，教师的职业和形象存在很大程度的社会刻板化现象，我们相信教师有教师的样子，即所谓的"师表"，那么教师的"师表"又是怎样的呢？在古代的中国，教师又被称作"师父"，由此可以推断，最初人们心目中的"师表"可以是某种意义上的"严父"的形象。随着社会的不断发展，教师职业的逐渐女性化之后，"师表"又增加了另外一种"慈母"的形象。在班级这个大家庭之中，他们有着绝对的领导权和控制权。在课堂组织中，他们是教学的主导者，有着"传道、授业、解惑"的重要使命。中国的课堂教学以教师的传授为主，正如中国教育的始祖——孔子，他的教学方式是"独白式"，由学生记录和整理他的言行。

而在师生的关系上，教师有着绝对的话语权，学生是像"儿女"处于服从的地位。学生很少向老师提问，若回答问题则需要征求教师的同意，然后起立回答；学生极少主动提问或者插话，更不敢与教师争论。在教学评价之中，不管是对学生的学业还是对学生的道德品行都处于疏导的地位，对学生任何细小的错误都要有错必纠。

中国教师的角色设定其实是中国家族本位与伦理至上的文化传统在教学组织中的延续。家庭及其延伸家族在中国传统社会的重要地位却是任何一种别的社会组织都无可比拟的，这显然与中国农耕经济基础上形成的宗法制的社会结构密不可分。在家庭中，中国人讲究人伦秩序，有着鲜明的长幼、尊卑之分。而在现代社会之中，中国人在任何的组织中都希望能营造一种"家"的氛围，这就必然导致了组织之中"父"一样权威人物的出现。这些人物有着绝对的话语权，而其他的人会自觉地在家庭之中找到自己的位置，开始依附和顺从这些"父""母"们。

（二）西方的教师：亦师亦友

在西方的中小学中，教师更像是一批学生中的"孩子王"，他们可以很夸张，也可以很随性，他们可以很搞怪，也可以很麻辣。他们扮演的是学生朋友这一角色，他们可以和学生一样交流探索。具体表现在，在课堂的组织中，学生是主体，教师只是一个引导者。正如西方教育的始祖——苏格拉底的教学方式"对话式"，他认为教师是一个"产婆"，他只能引导"母亲"生孩子而不能代替"母亲"生孩子。在师生的关系上他们是相对平等和民主的，因为他们都只是通往真理旅途中的"探索者"。"学生对于教师可以直呼其名，可以随时提问、提意见、插话，甚至就某个问题和教师争得面红耳赤"。在教学评价之中，学生群体的评价和教师的评价有着同等重要的地位。对于学生所犯的错误教师基本上是不会予以否定的，一方面他们认为如果学生的思想是错误的，那么，在今后学生的知识体系日益完善的时候就能进行自我纠正；另一方面他们无法确定学生所谓的错误思想之中是否就有真理的苗子，因为即使是他们所使用的教材也不是绝对的真理。

教师这种朋友的角色包含着两个方面的内涵，一是自由、平等和民主；二是对真理的追求。这两方面都有其深厚的文化渊源。自由、平等和民主是其个体本位文化的延续，每一个个体都应当得到尊重，他们的权利都应当得到保证。对于真理的追求是他们科学精神的传承。海洋的惊涛骇浪带来的生存忧患使古希腊人产生了人与自然对立的观念，他们必须依靠理性精神对自然界的规律进行掌握，进而征服自然，并且他们必须不断地探索真理以取得这种征服的稳定与永恒。这种对于真理的探索，使得西方人敢于用怀疑的眼光去审视旧有的一切观念和成就，甚至怀疑自己，他们就是在这样一个不断怀疑的过程中，推动着科学技术的发展，快速改造着自然界。

不同的教育方式背后，都有着不同文化的渊源。这最终还是归结于历史唯物主义观——社会存在决定社会意识。由于中西方几千年来地理、历史、经济方面的差异，导致了二者巨大的文化差异。而对于中西方不同的教育方式，我们所要做的不是单纯地引进，而是要思考西方的教学模式是怎样调动起他们的文化优势的，我们又该采取怎样的模式去调动起我们民族中的文化优势。目前教育改革的制定者，往往是从教学形式方面入手，没有看到或很少看到教育潜在的文化影响；而对于中西方文化有着深厚研究的学者，因不从事教育工作而对教学方式不甚了解，无法将文化这种抽象的东西具体化。我认为，如果二者能相互结合，这也许将是中国课程改革深入发展的一大契机。

第二节　中西学校教育之差异种种

中国传统文化和以欧洲文化为主导的西方文化历经数千年传承已经成为世界文化宝库中的丰厚遗产。由于地理环境、历史背景、发展过程等因素的不同，中西方文化呈现出巨大的差异。不同的文化心理孕育了中西方不同的教育思想。

一　中国教育重同一性　西方教育重多样性

中国是一个以群体文化为主要文化特征的国家，中国人的群体意识来源于以农耕为主的小农经济生产方式。这种生产方式使得中国人习惯于集体作业，成为中国人典型的人生体验和一种约定俗成的典型情境，从而造就了中国人的群体文化心理。在群体文化中，群体的整体利益是个体利益的唯一参照物，是个体利益的出发点和归宿。中国人关心的是"别人怎么看"，因而常常会用普遍认可的道德行为规范自觉约束自己的言行，来获得群体的认同。在思考问题和处理实际事务时，中国传统一向强调求同性，儒家的"君子止乎礼""不逾矩""求同存异"即是具体的表现。

这种求同的群体文化意识必然会投射在教育思想上，内在地决定了中国教育天然地排斥多样性，注重同一性。"大一统"是中国教育的主旋律，即用统一的内容、同样的方法、同一的进度、单一的评价机制，"生产"着一批又一批近乎一样的"成品"。教育毫无生气的雷同窒息着学生个性的发展。在中国，一堂课怎样才称得上好，统一的标准是：教师讲得层次分明、条理清楚、重点突出、板书整齐规范；学生则认真听讲、仔细做笔记，回答老师提问时态度谦虚、声音洪亮，甚至连学生坐、立、举手的姿势都有统一要求。这种整齐划一的教学形式貌似规范、紧凑，实则缺乏内在感染力。过于追求同一性和规范性的中国式教育不利于活跃学生思维和激活学生的内在活力，不易使学生感受到自己的主体地位。

西方文化的基本特征是个体主义。个体主义强调个人的价值与尊严，强调个人的特征与差异，提倡新颖，鼓励独特风格。这种文化心理助长了西方人对多样性的追求，造就了以多样性为特征、多元化思想共存的西方教育理念。

"多样性"在西方教育制度中得到了充分体现。西方学校的教学氛围自然灵活,较少形式主义,教师的教和学生的学都没有太多必须遵守的强制规范和统一要求,在教与学的设计、内容和方式上具有较大的自由度和灵活性。学生在这种氛围下会感到轻松与自由,有助于激发学生的内在活力,发挥其学习的主观能动性。

学校教育的存在,一个重要的职能就是为了有效地传递人类的知识经验。所以,东西方教育在一开始的时候,都定位于传递人类的生产劳动经验和社会经验。孔子教人以"六艺",古希腊、古罗马的"三科""四学"以及中世纪的"七艺",都力求把各方面的知识教给学生。但是,随着知识经验总量的增加和统治阶级基于自身利益的考虑,在知识的取舍方面,东西方教育便各有侧重。由于中国偏重于从社会需要来运作教育,在长期的封建社会里,教育的概念被窄化为"教化",教育内容被局限在《四书》《五经》等儒家经典上。圣贤书之外的技艺等被视为"雕虫小技",不足为学。相反,西方教育以个人为出发点,凡能增加个人利益的知识、技能等,都被纳入教育内容之列。夸美纽斯倡导的"泛智教育"、法国的"百科全书学派"以及后来科学技术革命后实用技术教育在欧美教育体系中迅速被认同和接纳,这都说明了西方教育较为关注人们的现实生活,努力为人们的现实生活谋福利的特点。并且在教学内容的具体构成方面,西方教育不仅坚持"学术中心课程",而且,在具体操作上较之知识的量,更重视知识的质;较之知识内容,更重视生成知识的能力。

二　中国教育重持久稳定　西方教育重变革创新

中国几千年的农耕经济催生了传统文化中根深蒂固的"求久"观念。农耕社会的生产方式为人们提供的时空关系是固定的、静态的,人们从生到死都生活在固定的家族中、固定的村落里。在这样的社会环境中,很容易滋生永恒意识,认为世界是悠久的、静止的。《易传》所谓"可久可大",《中庸》所谓"悠久成物",《老子》所谓"天长地久""根深蒂固长生久视"等都是这种求久观念的典型表达。

中国历史文化"求久""拒变"的特性压制了国人的独立性和创造

性，反映在教育上，就是经世济用的教育观和学术价值观。中西方教育在对待基础知识和教育改革的态度上表现出极大差异。由于要"求久""求稳"，中国教育必然特别强调基础知识的重要性，正所谓"万丈高楼平地起"。强调基础知识本身并没有错，然而基础知识并不是僵化的、凝固不变的。现代社会的发展可谓瞬息万变、日新月异，然而，与飞速发展变化的世界极不相称的却是我国停滞不前、呆板得令人窒息的教育现状。固守着所谓的经典知识传授牢牢不放，课程设置多年来一成不变，教材内容十几年大同小异……中国人怕变，担心一"变"就会"乱"，认为"以不变应万变"才是最佳行为策略，这使得我国教育界目前正在进行的新课程改革遇到了较大阻力，使得中国教育保守有余而创新不足。

与中国文化"安于现状""求稳""求久"的价值取向截然不同，西方个体文化鼓励独特、有创见，激励和促进个人创造力和潜能的发挥。西方人看中独辟蹊径、标新立异，喜欢新奇且富于创新和冒险精神，随时都会弃旧图新。这种喜变、求变、善变的文化心理，使西方人拥有了那种独立创新的科学精神，推动西方教育不断改革、不断向前。

美国教育是西方教育重视创新、力求变革的典型代表。美国教育似乎并不强调基础，甚至被批评基础差。对中美中学生的素质对比显示，我们的唯一强项就是基础好，他们的唯一弱项就是不强调基础；而在创新能力上则刚好相反。强烈的反差令我们不得不反思：为什么我们基础好却创新少？他们不强调基础却创新多？其实美国教育未必不重视基础，只能说它重视的是不同的基础，是随着时代的发展不断变化着的基础。在过去，如果说知识是基础，基础是知识，那么在新的时代背景下，培养学生的创新精神、创新意识、创新能力也许比知识更重要。美国教育界顺应历史潮流，看到并及时地把握了这种变化，教育改革一刻也没有停止过。

三　中国教育重权威　西方教育重平等

以儒家思想为核心的中国传统文化，历来主张尊卑有别，长幼有序。孟子称："舜使契为司徒，教以人伦，父子有亲，群臣有义，夫妻有别，长幼有序，朋友有信。"（《孟子·滕文公上》）儒家伦理对中国人的社会行为有着相当深远的影响，并构成人们判断是非的标准。在中国社会，人人都有其适当的角色和位置，人人都应谨守礼数，否则就是失礼。

传统文化中这种较强的等级观念也充分体现在中国的教育思想上。中国教育传统历来提倡"师道尊严"。教师被认为是传道、授业、解惑者，被塑造成学生顶礼膜拜、不可平视的对象。中国教育思想中的等级、权威观念，使中国教育必然携带着强制和暴力的色彩。这种教育暴力倾向可以分为外在暴力和内在暴力。外在暴力主要是指对学生的体罚和变相体罚。内在暴力，即思想暴力，主要是指以一元化的真理观和价值观为基础的知识专制和文化霸权。说一不二，不容置疑，即使不理解、不赞成的结论和观点也必须接受，这对学生来说不啻于一种灵魂上的蹂躏。在这种师道尊严的文化氛围里，学生的批判性和独特性、自尊心和自制力逐渐被销蚀，他们变得卑微、盲从、胆怯，缺乏冒险、开拓和创新意识。

与中国文化相比，西方文化的一个显著特征是人人平等的价值取向。严复在对"中学"和"西学"进行比较时指出："中国最重三纲，而西人首明平等。"① 平等是西方人权观念的一个重要组成部分。西方人坚信，每个人都是天生独立、自由和平等的。人生而平等的观念渗透到西方社会的各个领域，现实生活中的各种关系无不受平等观念的制约。

中国的教师和学生，一个在上，一个在下，自然有了上下尊卑之分，"师者如父"便是这种伦理等级的"写照"。在西方的教育概念中，无论"引出"或"引导"，都以尊重学生的主体地位、相信学生都具有良好的发展潜力为前提。中国的师生关系之所以不平等，是由于中国社会特别注重伦常等级，要求每个人都应"各安其分"，严格遵守伦理规范。"师者如父"便是"五伦"在教育上的延伸和反映，目的是通过教师伦理身份的"附魅"，让学生无条件地服从教师的权威，以保障教育的政治、教化职能按统治阶级的意愿顺利实现。相对而言，古希腊、古罗马的民主政治体制和民主的文化氛围，对学生作为"人"的尊重和信任，使西方更为强调的是教师的服务意识。教师赚取学生的学费，自然应当为学生提供力所能及的帮助，体现出良好的专业精神和职业道德。

追求平等的文化心理折射在教育上，使西方教育呈现出不同于中国

---

① 严复：《论世变之亟》，载《严复集》第 1 册，中华书局 1986 年版，第 3 页。

的鲜明特质。西方的教育理念认为师生平等，强调建立"平等、民主、对话"的师生关系，教师在教育过程中扮演学生的向导和平等交往的伙伴的角色。西方教育观念认为，教育的目标是充分开发学生的潜质，提高其内在素质，培养具有个性和独创性的人才。西方学生从来不会屈就教师的权威而放弃对真理的追求，他们比较敢想、敢说、敢问、敢做，敢于向权威发起挑战，具有强烈的创新意识和批判精神。

通过比较，我们不难发现双方教育观念的巨大差异。然而，中西方教育思想不能简单地说孰是孰非，它们各有特色、各有短长，在许多方面有着较强的互补性。因此，我们应该站在自我超越的立场上，学习和借鉴西方教育的精华，转变教育思想和教育观念，深入进行教育改革，更快地适应世界教育发展的潮流，培养出更多符合我国现代化建设需要的栋梁之材。

第三节　中西家庭教育的差异及分析

中西方教育的差异，自古以来就存在。近代以来，随着"西学东渐"运动的兴起和国门被西方列强打开后，国人开始瞩目西方教育的另一种景观。本节主要以德国为例，向大家介绍西方的教育。社会的竞争，绝不仅仅是知识和智能的较量，更多的是意志、心理状态和做人的比拼。由于历史传统、社会文化背景的不同，中西方教育观念存在着巨大的差异，从这些差异中，可以找出许多值得中国教育学习的观念和做法。下面主要以德国为例，分析中德两国教育的差异。

一　中德教育的主要区别

（一）家庭教育

德国提倡的口号是：培养一个完整的人，因为孩子是一个活泼的完整的人。德国幼儿教育的特色是把教育的责任归之于父母，认为婴幼儿阶段父母是家庭教育的主人。德国宪法明文规定：教养儿童是父母的自然权利和义务，政府对幼儿教育站在辅助的立场上，真正担任教育责任的是父母。德国家长从小培养孩子动手能力。

德国家长从小就让婴幼儿在自己的小房间里单独睡觉，小孩子按正常时间与家人一起吃饭，不享受特殊待遇，父母要几岁的孩子做力所能及的家务劳动，如洗碗、扫地等。鼓励孩子自己劳动挣钱，尊重孩子的意愿，开发孩子的想象力，培养他们的独立自主能力，即使是那些富裕家庭的孩子，也很节俭，父辈一般不考虑给孩子留什么财产，认为让孩子坐享其成是人生中最糟糕的事。

中国家长在婴儿出生后，一般睡在父母的中间或爷爷奶奶那里，经常有大人拿了调羹追在玩耍的孩子后面喂饭，父母让孩子把所有精力都放在功课上面，不做家务。中国人很少鼓励小孩打工挣钱，帮孩子安排好一切，一切围绕孩子的读书和高考，往往有意无意地鼓励小孩"攀比消费"，中国人往往"一切为了孩子，为了孩子的一切"。

（二）学校教育

首先，教育方式不一样。

西方教育方式是不给学生条条框框，不给死板规定。对于大人们本身就质疑的思想或现象，并不强行灌输。教学是在一种提出问题、思考问题，寓教于参与中接受科学、技术和思想文化知识。师生之间关系是平等的。教学的课堂并非固定在学校中，而是融入于现实生活。

在中国师生之间有一种相对严肃的长幼关系，教育活动的目的是为了应付考试，强调师道尊严，学生消极被动地接受，压抑了个性的自由发展。

其次，教育的内容不一样。

西方教育从小就重视人文社会、地理历史、科技自然等实际教学，对学科内容进行探索或研究。而中国这些研究基本是从大学开始的。

德国大学是"宽进严出"，即入大学较为容易，但拿到毕业文凭却很难。教授一周上几次大课，内容特别广泛，学生要在课外阅读大量参考书籍，写阅读笔记并完成各类作业。老师则根据学生完成作业的情况评定成绩，同时，每个专业都有多门考试，一门过不了关，就会影响这门专业的完成。因此，德国大学生十分用功，多数学生把全部精力放在学习上。

此外，对社会实践重视程度不同。

在德国，学生从小就培养独立的习惯，读大学的学费也主要靠自己打工或贷款来获得。不少学生在十五六岁就开始在暑期到餐馆、超市打工，准备大学的学费。一项调查显示，75% 的大学生靠助学贷款或打工生活。

西方普遍注重人的各方面的素质，如"领导能力，动手能力，合作能力及实践能力"等。规定每位高中生，每一学期要到社区服务超过 600个小时，才有可以申请大学的资格。而中国则更注重学生的分数，以分数来判断一个人的能力，并不像西方那样注重对学生的素质培养，这不由得让人联想起了不少高分低能的中国学生，在面对应试考试中总能考出高分，而生活自理能力却极差，语言沟通、表达能力都远远低于同龄人。

二　教育概念的历史演进

中西方对教育的原初性定义，是人类在长期感性认识的基础上形成的一种理性认识成果。人类关于"教育是什么"的理念大厦一旦建立，必将反作用于人类社会的教育实践，充分体现出教育认识的能动作用。在随后的教育发展进程中，由于教育实践的动态性、发展性，人们对教育的认识也不断得到修正而日趋完善。总的说来，中国几千年封建社会养成的因循守旧的思想惰性，在"教育是什么"这一核心概念的传承上有较充分的体现。先秦时期对教育的理解和实践，经过汉初董仲舒"罢黜百家、独尊儒术"文教政策的洗礼后，儒家学说便成为了中国两千多年封建制度的思想基础，也成为了教育指导思想、教育内容和方法的主要甚至是唯一"范式"。

总之，现在我们谈论的中西方教育的差异，几乎都能够在唯物史观中找到最初的源头。社会存在决定社会意识，社会意识反映社会存在。难怪有学者说：中西教育观的差异在其原初性文化那里便已初现端倪了。尽管中西方教育在各自的文化土壤中历经几千年的发展和演变，教育自身不断被丰富和完善而发生了巨大的变化，同时中西方教育在上述几方面的差异也不断得到强化。但从本质上看，几千年来中西教育差异的实质在总体上并无根本性的改变。由此可见，教育是人类社会特有的"人造现象"，是按照人类自己对教育的认识并通过人类自身的实践活动来建构教育的。中西方教育在其发展之初是处于相互隔离状态的两个独立存在，二者对教育的原初性理解作为教育发展的认识论基础，对教育的操作范式具有很强的规约性，充分反映出人类认识对自身实践的巨大反作用。从这个意义上说，中西方教育的原初性定义，已在思想上勾勒出了各自教育发展的"蓝图"，并在随后的教育实践中逐步生成了中西方教育的各自特点及差异。

第四节　中西对未成年孩子恋爱的态度差异及原因

一　中西方对未成年孩子恋爱态度的天壤之别

笔者最近看了一部叫作《查莉成长日记》的美国家庭情景喜剧，该片讲述的是一个五口之家的生活点滴，最引起笔者注意的是片中家长对子女的恋爱观。片中的三个孩子均是未成年人，但是三个孩子均有男女朋友，并且随着剧情的推进，还出现了感情告急——分手——再交新男女朋友的情节。而片中的父母不仅没有干涉子女的恋爱，还在子女的感情问题上给出很多建设性的意见，其中印象最为深刻的两个场景，其一是剧中的爸爸向女儿带回家的男友传授自己多年应对女人的经验；其二是失恋的女孩在家中自怨自艾，妈妈极力安慰并且讲述自己年轻时的恋爱故事。这档情景剧在美国定位的观众群是青少年，剧中不乏有很多充满正能量的地方，但就这一开放的恋爱观引发了笔者对中西教育文化差异的深深思考。

（一）中国的绝对禁止

相信大部分中国家庭长大的孩子都有相同的经历，孩子到一定年纪的时候，父母就会明令禁止其早恋，并且时刻告诉孩子早恋的危害，在学校，早恋也被视为影响学习的第一大杀手，在中国中学生的校纪校规中就有一条是"禁止谈情说爱"，更有严厉的学校为了防止学生早恋而做出"男女生距离不得低于5厘米""男女生不得同桌吃饭"的雷人的校纪校规。曾经有一个孩子刚升初中，她母亲在闲聊中向笔者询问一些学习经验，笔者作为"过来人"本想滔滔不绝地讲讲当年自己刻苦学习的经历以及各科学习的心得，但是这位母亲开口的第一句话便是："我特别担心我女儿早恋，跟她说了她还不耐烦，你说我该怎么劝她啊？"在学生时代感情一片空白、听从父母话拒绝早恋的笔者听完后顿时语塞，真不知道该怎么回答。总之在中国，18岁以下的青少年以及他们的父母、老师、学校中间都笼罩着一层"早恋猛于虎""谈早恋色变"的气氛。

（二）西方的不干涉甚至鼓励

而在美国等一些西方国家，十几岁的孩子亲吻、拥抱、谈恋爱都被视为正常，相反西方人对中国学校限制学生恋爱视为非常不可理解之事，实际上在西方"早恋"一词根本不存在。父母们更加不会去干涉子女的恋爱，恋爱中的青少年们会大方地把自己的对象带回家向父母介绍，而父母们也在与自己孩子相仿的年纪就有了恋爱经历，他们会互相交流，分享彼此的故事。一次笔者在和自己的外教闲聊时，她高兴地告诉我："我的儿子有女朋友了，他们很要好呢。"此男孩15岁，美国高中一年级学生。笔者的外国友人也曾跟我说过他16岁的弟弟单恋一个女孩很久了，他妈妈在情人节来临之际帮儿子选购礼物，以鼓励儿子表达自己的感情。在学校，男孩女孩出双入对根本不是什么奇怪的事，记得一部电影中的一个场景是在上课铃声响起时，校长对还未进教室的情侣们风趣地说道："罗密欧与朱丽叶们，上课去吧！"学校里，情侣们约会、跳舞、看电影从来不会受到限制，学校将男女交往视为一件很平常的事，只给予一些必要的指导和帮助。

二 从唯物史观角度具体分析差别原因

历史唯物主义认为社会存在决定社会意识，中西方不同的地理环境决定其在经济、政治、文化、社会等方面的差异。俗话说"一方水土养一方人"，中西方社会生活方式和社会意识的差异归根于其社会存在的差异，下面就从唯物史观的角度来分析为什么中西方在对待青少年恋爱问题上的态度有如此大的差别。

（一）安分守己的农耕文明与勇于冒险的商业文明

中西民族不同的生存环境必然会带来各相异趣的生产方式和与之相应的经济模式。在此基础上又会产生各自民族最初的生活方式与社会结构，所有这些既构成了特定的文化形态，又是两种文化传统风格各异的深层结构以及民族精神形成的重要基础。

近几十年的考古成果已经越来越清楚地告诉我们，我国远古时代的很多古老的文化，如仰韶文化、河姆渡文化、良渚文化等大多都分布在江河流域的河谷地带或冲积平原上，因此我们可以毫不迟疑地说，我们中华民族是江河的儿女，古老的华夏文明的兴起离不开江河的赐予。正是有了河流的滋润，人们依靠一块地、一条河就可以活一辈子，因此便形成了自给自足的农耕文明。农耕文明下生活的人们安土重迁、安分守己，也因此逐渐形成了中国人保守的性格和内向的文化。

西方文明最初的舞台是亚欧大陆西侧的欧洲，它的西、南、北三面环海。这里没有东方那种肥沃的大河流域，有的只是被重叠的山峦和起伏的波涛分隔成的大小岛屿和沿海盆地，而这些星罗棋布的陆地之间唯一的联系纽带便是蔚蓝的大海。较之安稳平实的陆地，大海毕竟充满了神秘的动荡和诡谲的变幻，然而，正是这些潜藏的危险激发起人们抗争与征服的勇气。这样，西方人开放的性格与其充满探险求知的商业文明也便形成了。

（二）家庭观念的浓厚与淡薄

自给自足的农耕文明使得中国形成了以家庭为单位的社会结构，而这种结构决定了中国人的社会存在首先依存于以血缘关系为纽带的家庭和宗族集团，再加上保守的性格和文化，个人就被要求遵从并适应他在家庭关系网络和社会结构中被确定的身份和角色，不能有所逾越。在中国人的观念里谈恋爱就意味着结婚生子，组建家庭，而个人的婚姻是关系到整个家族的大事。也许在孩子们的眼中谈恋爱就是两情相悦，大家高兴就行，至于结婚，他们肯定还没想那么多。但是对于大多数中国家长来说，谈恋爱关乎着婚姻，是一件很严肃的事，而未成年人还不满结婚的年龄，心智尚不成熟，还没有能力担负起个人的婚姻问题。在中国家长眼中未成年孩子的身份是学生，他们的任务就是学习。而到了适婚年龄的孩子，他们应该考虑的是找一家门当户对的对象结婚，一来为整个家族传宗接代；二来一桩好的婚姻甚至关乎到两个家族的兴衰大事，所以这个时候的恋爱都是以结婚为目的的。而且，婚姻是承担着重大使命的，可不是儿戏。所以中国的父母最爱叮嘱孩子的一句话就是：孩子，这婚姻大事可不是儿戏呀！这句话的背景就是源于此。

与中国长期保持自然经济的农业社会不同，随着工商业阶层的崛起，以平等交换为基础的商业原则促进了西方人个体意识的觉醒和成熟，由此孕育出西方人个体本位的文化精神。在群体和个体的关系中，西方文化把个体存在的价值看作是人类社会结合的基础，从这样的信息出发个人对家庭的从属关系自然受到了削弱。在英汉翻译中对中西方文化差异的处理时，一个典型的例子是"断子绝孙"这个词的翻译，因为中国强烈的家庭和宗族观念，这句话对中国人来说是最为恶毒的咒骂，而如果将此词直译为 may you sonless，西方人会觉得很奇怪，根本没觉得这是你在骂他，这是因为西方人的家庭观念本来就很淡薄，他们不依附于家庭，不依赖于他人，而是倾向于自我依赖。所以谈恋爱对他们来说更多的是一种追求精神方面的愉快，而与结婚组建家庭没有太大的关系，西方人会更尊重个人的感受，不会因为群体的利益而扼杀个人喜好。所以，当未成年孩子谈恋爱时，站在家长的角度更多的是因为孩子懂得了情感，学会了与人相处交流而感到欣慰高兴，并不会拿这与婚姻家庭相联系。所以与中国不同，家长们不但不反对孩子谈恋爱甚至还鼓励孩子恋爱。

（三）经验与体验

中国的文明发源于河流，人们自给自足，生活相对安稳不需要再去跋山涉水地探索寻找生活物资，取而代之的是人们在安稳变化不大的生活环境中学会了经验积累，并且一代接着一代地传递下去，几千年来人们平稳祥和的生活是与这些祖祖辈辈代代相传的经验分不开的，例如对农业乃至日常生活作息都起着很大作用的二十四节气。这是因为经验与中国人的生活息息相关，才使得中国人做事都喜欢与经验扯点关系，例如看医生要看老的，找修东西的师傅要找有经验的。让我们再回到孩子恋爱的这个问题上，如果你问中国家长为什么不让未成年孩子谈恋爱，他们脱口而出的答案无非是影响孩子学习，孩子不成熟之类的，但如果你再问孩子谈恋爱就一定要绝对禁止吗？相信能马上回答出来所以然的没几个。这是因为他们的父母是这样教育他们的，他们的邻居、同事、朋友也是这样教育孩子的，而相信在这样教育下长大的孩子也会以相同的方式来教育他们的下一代。此时禁止未成年孩子谈恋爱潜移默化地成了一个教育经验，农耕文明基础上生活的中国人对经验近乎迷信，所以这样的经验当然让人深信不疑而口口相传。

与中国安定平稳的生活环境不同，西方的文明发源于大海。大海的神秘莫测和变幻多端总是让人们捉摸不透，从而激发起人们不断探索、不断求知的欲望，人们没有办法去积累太多固定有用的经验，只能不断地去摸索去体验。所以相对于中国人,西方人不那么迷信经验,在他们身上更多地是一种勇于尝试、勇于探索的精神。在未成年孩子谈恋爱这个问题上,西方家长不喜欢把自己或是别人的经历套在孩子身上,而是更愿意让孩子们自己去体验,自己对自己的人生负责。他们不会觉得孩子谈恋爱是什么不合适的行为,他们很尊重孩子的个人情感,并且把孩子谈恋爱看作是人生的必修课。西方家长很注重培养孩子的独立性,所以,在他们眼里孩子自己去体验恋爱的酸甜苦辣也是在为日后能很好地独立生活而做准备。

（四）贞操观念的差别

农耕文明发展起来的中国人安分守己,思想观念比较保守,对妇女的贞操比较重视。在中国的封建社会,男人可以三妻四妾,但是女人就被要求除非丈夫去世改嫁,否则一辈子只能忠诚于一个男人。女子初嫁,如果被发现不是处女,是要会遭到耻笑和诟病的,严重的甚至还会退婚。中国长期的封建习俗深深地影响了中国人的文化观。谈恋爱难免有肌肤之亲,当今中国虽不似封建社会如此重视女子的贞操,但女子在出嫁前"清清白白"还是会给不论婆家还是娘家一个极大的欣慰。

相反商业文明下观念开放,不拘泥旧俗礼节的西方人则对女子的贞操不那么重视,特别是到了现代社会,整个西方世界似乎对"性"都比较开放,所以即便未成年人由恋爱引发了肌肤之亲,只要不造成违法,都是可以理解而不会受到干涉的。

（五）对孩子学习的态度

历史的长河滚滚向前,在农耕文明基础上发展起来的中国,经历了几千年的封建王朝,又经过资产阶级革命失败,社会主义制度建立等一系列历史巨变并发展到现在,与在商业文明基础上建立实行着资本主义制度的西方国家,在国情、国力等许多方面有很大的差别。各自社会存在、社会背景的不同直接关系到家长们对孩子学习的态度差别,从而影响到其对未成年孩子恋爱的态度差异。

问过很多家长和老师,为什么三令五申地禁止未成年学生谈恋爱?笔者听得最多的回答是害怕影响孩子的学习。为什么中国的家长、老师这么重视孩子的学习成绩呢?首先从中国当今的时代背景说起,中国人口基数大,紧接而来的便是就业压力大。而在当今中国的制度下考试成绩便成了谋得一份好工作的敲门砖。在中国家长和学校的眼里专心认真地学习才能出好成绩，有好成绩便意味着能上好大学，能有高学历，能考取更多种职业证，进而能找到一份称心如意的工作。而对于心智尚不成熟的未成年学生，恋爱在情绪上易造成波动，进而会影响学习成绩。家长们煞费苦心地一步步为自己的孩子计划好未来，对于早恋这只拦路虎肯定是要扼杀在摇篮里的。而在西方国家，家长们根本没把孩子的学习放在第一位，觉得学习并不是一切，所以，又何来恋爱影响学习一说。现今，大多数西方国家经济发达，人们生活水平较高，再加上与中国相比较少的人口和较小的就业压力，以及完善的社会保障制度和丰厚的社会福利，人们根本不用担心没有铁饭碗而生活不下去。当然西方国家的人也并没有因为无后顾之忧而懈怠，比起中国家长对孩子分数的分厘较真，西方的家长更希望自己孩子能学到自己喜欢的东西，能实实在在地在能力上有所提高。因此，别说恋爱对学习的影响就是孩子哪天不想在学校学习而辍学了，家长们也充分尊重孩子的选择。很多成功的人如比尔·盖茨、乔布斯等都曾中途辍学。

小结

社会存在决定社会意识，中西不同的生活环境决定了其不同的文化。发源于河流的农耕文明，使得中国人保守内敛，安分守己，家庭观念和群体意识很强，注重经验教育。而发源于海洋的商业文明，使得西方人独立开放，勇于探索，更注重个体的感受和生活的体验。这些生活背景和生活观念发展到现在又造成中西双方国力国情的不同，因此，在对待未成年孩子的恋爱问题上中西双方的态度会有如此大的差异。就这个差异，我们无法去评论谁对谁错，谁的得当、谁的不合适，只能说因为不同的社会存在造成了不同的生活背景和生活方式，所以就有了不同的意识和观念。

第 八 章

中西艺术审美观念的差异比较分析

本章主要从中西方绘画、雕塑、影视三种艺术形式的差异入手，运用唯物史观的分析方法，揭示导致这些差异的社会因素、原因机理。

第一节　从唯物史观比较东西方绘画的差异

艺术与文化有着千丝万缕的关系，绘画作为艺术的一个分支，更是充分反映出这一现象。绘画作为一种文化产物，在某种程度上说，它是一个民族文化的缩影，即不同的民族，不同的国度，有着不同的绘画艺术，不同的绘画艺术映射出不同的文化精神。世界绘画主要分东方绘画和西方绘画两大体系，东方绘画以中国画（又称水墨画）为代表；西方绘画以油画（又称西洋画）为代表。由于各自历史的不同，形成民族文化的因素不同、审美观念的不同、工具的不同等因素，造成了东西方绘画的差别，形成了各自不同的面貌。

一　二者差异的具体表现

中国画讲"神似"，西洋画求"形似"，此可谓两者的本质区别。中国画是在纯粹中国文化底蕴中孕育发展起来的，它以其特有的线条、笔墨和色彩，用勾、点、染、浓、淡、干湿、虚实、疏密等表现手法来描绘物象。中国画强调在融化物我、创造意境的同时，达到以形写神、形神兼备、气韵生动的艺术效果。中国的艺术家非常强调"气"，正所谓"心随笔运，取象不惑"。这种对"气"高度重视的文化观念，使得中国画家较少地追求局部的逼真。中国画自商周钟鼎、盘鉴、图案花纹，汉代壁画，及顾恺之以后历唐、宋、元、明皆是运用笔法、墨法以取物象骨气，形成了独特的线纹流动，构成运笔洒脱、气韵生动、象征暗示的形式美，从而凸显出重写意这一中国绘画的艺术特征。以宋代山水绘画为例，董源、巨然、范宽、米芾父子等人的作品，都极富诗的意境。宋代画家在描绘山水时不刻意追求视觉效果，不模仿物象的外在真实，画家抓住客体中与主体相契合的某些特征，描绘出物象的形神，表达深邃含蓄的意境，画家所描绘的物象，与客观的实际事物并不完全相同，在形似与神似之间，更突出神似，在客观与主观之间，更突出主观精神的自我表现，画家不追求形似，而是追求"气韵生动"，意境的深邃，追求神似，以形写神。

与中国画不同，西方绘画以人为主要的描绘对象，追求造型的准确、质感、光感、再现。欧洲的文艺复兴时代是人类历史上一场伟大的文化运动，文艺复兴时代的画家继承了古希腊、古罗马的艺术观念，形成了注重构画典型情节和塑造典型形象的艺术手法。与此同时，画家还分别探索解剖学、透视学、光学在绘画中的运用，使绘画中人物造型有了如同真实般准确的比例、形体、结构关系。焦点透视法的建立使绘画通过构图形成幻觉的深度空间，画中景物与现实中定向的瞬间视觉感受相同，明暗法使画中的物象统一在一个主要光源的光线下，形成由近及远的清晰层次。如达·芬奇的《蒙娜丽莎》、米隆的《掷铁饼者》都十分精确地反映出人体结构、光影、体积等。总而言之，中国艺术是传神的，重写意，西方艺术是科学的，重写实。

除此之外，西方绘画重色，中国绘画重线，这也是两者间的显著区别。中国绘画历来特别讲究线条的运用，历代不少画家以线条作为造型的最主要的手段，并赋予了线条一种内在生命力和个性特征，通过毛笔的丰富笔法创造出了变化多姿的各种线条。例如，"铁线描""柳叶描""琴弦描""钉头鼠尾描""竹叶描""蚂蝗描""行云流水描"等18描。在国画发展史上，"以墨代色"是色彩运用的创造。由于作画工具的特点（毛笔、水墨、纸绢），中国的艺术家发明了用烘、染、泼、积等法来表现浓、淡、清、焦、重等色度的微妙变化，出现了墨荷、墨梅、墨竹、淡墨山水之类全靠水墨来表现五彩世界的国画作品类型。一根竹子，只凭线条的浓淡、粗细、疏密，可以意会到它的青色以及光照影响的墨绿、淡青的层次。中国画由于受老庄哲学、魏晋玄学思想的影响，崇尚黑色和白色，淡化了其他色彩。"计白当黑""墨分五彩"，用黑白两色的变化表现了无限深远的空间效果。

而西方绘画一般不留白底，而是通过色彩、明暗，使形体充盈画面，显得饱满充实。西方艺术家们擅于运用科学的、完整的绘画色彩理论，注重表现自然界千变万化的光与色；注意对象与对象之间、对象与环境之间的色彩变化。后印象主义画家凡·高的作品《雨后的阿尔风景》《阿罗的红葡萄园》等就是典型代表，其作品色彩喷薄欲出，表现了现实中瞬息万变的色彩。

中西方绘画艺术为何会存在这些差异呢？我们可以从唯物史观分析其产生差异的原因。

二　造成差异的原因分析

（一）地域环境的差别

中西在地理位置上属于两大不同的板块，在温度、湿度、土壤等诸多方面存在着差异，以至于许多动植物的生长均有明显的不同，比如中国南方山林多竹，中国画中绘竹作品比比皆是，竹深受中国艺术家的青睐。值得注意的是，中国的文明起源于内陆，相对而言有其封闭性的一面；而西方文明则起源于古代爱琴海和整个地中海地区，相对而言有其开放性的一面。因此，中国传统绘画多顺应自然，倡导"天人合一""情景交融"，重"意象"、重"气韵"、创"境界"，与西方印象派之后所谓"立体派""野兽派"的新兴画风是不同的，中国画很少像印象派之后的画派做大胆的变形和抽象。而西方绘画风格不断演变，出现了立体派、野兽派、未来派、达达派、表现派、超现实主义、印象派、后印象派、抽象主义、波普等流派，各种流派之间共存、交替、继承、反叛，不断衍变成新的风格。可以说正是西方文明的开放性让西方绘画艺术家成了勇于大胆创新的冒险家。

（二）生产方式的差异

唯物主义历史观主张社会存在决定社会意识，具体而言，主张生产方式是社会生活及其变革的决定性因素。中国传统的小农经济与宗法制度陶冶出了中国人内向、封闭的心态。小农经济的生产方式决定了人们对土地、气候等自然条件有着特殊的依赖，为了生存人们必须尊重自然，顺应自然，于是"天人合一"就成了中国传统的宇宙观、认识观，而按照"天人合一"的思维模式，自然界并不是作为认识的对象而存在，而是转化为人的内部存在。而西方文明则是产生于牧业、商业生产。从公元前 8 世纪起，希腊人开始由氏族社会向奴隶社会过渡，由于当时生产力的迅速发展，手工业和农业的分工又促进了商品经济的崛起，西方商品经济与民主政治铸就了西方人外向、开放型性格。因此，西方人是在人和自然相分离、相对立的基础上认识自然界以及人自身的。所以"以形绘形"的模仿便成了其基本形式，它强调通过逻辑思维，借助光学、解剖、透视及自然科学成果对客体的外在形式进行精确的观察和把握。

（三）思想意识的差异

在中国，文化因素对绘画艺术的影响是至深的，儒家思想经历"百家争鸣"后，最终成为维系封建统治的伦理道德纲领，在历史的演变进化过程中被推到正统的地位。汉代董仲舒提出的"罢黜百家、独尊儒术"成为国家原则、官学律法，形成大一统的局面，在整个漫长的封建社会中起主导作用，统治者就以儒家的基本思想作为绘画艺术的尺度。道家思想也是对中国绘画艺术产生重要影响的另一种民族文化，而且始终和儒家思想相互交替，渗透在中国的绘画艺术乃至其他的艺术观念之中。在西方国家，15—16 世纪的"文艺复兴"，在形式上就是要恢复和振兴被中世纪宗教所压抑和摧残了的古希腊、古罗马艺术。文艺复兴时期的艺术家，仍坚持古希腊古罗马的立场和审美标准，进一步追求"真"和"美"。所谓"真"，就是模仿自然，刻意写实；所谓"美"就是"和谐的形式"。西方绘画艺术的渊源在古埃及、古希腊、古罗马人奠定的"模仿自然"与"和谐的形式"之中。此外，西方绘画受到赫拉克利特、苏格拉底、柏拉图、亚里士多德、但丁、黑格尔等人哲学思想特别是"摹仿论""反映论""现实主义"等的深刻影响，因此西画重写生积累，有严格的基础训练体系，有科学的研究体系，它的美学思想是客观、重外在的因素，西画的构成法则是唯物客观、科学理性的。

艺术作为一门人文学科，是超越了物质的精神文化和情感文化，它具有广泛的社会性，显示着社会的诸多特征。正是由于在地域环境、生产方式、思想意识方面的差异，才造就了中西方两种风格迥异但却各具特色、极具艺术价值的绘画风格。随着中西文化交流的广泛和深入，人们将从比较中更多地认识各自民族艺术的精粹，中西绘画各有所长、各有所短，若能相互取长补短，必定会丰富各自的艺术，提升艺术的质量，使东西方绘画艺术焕发出新的光彩。

第二节　中西雕塑艺术的差异及比较

一　中西雕塑的差异

由于地域、人文等造成的长期以来政治、文化、经济等地方特色的差异，中西雕刻艺术风格各异。

（一）表现手法差异

就以秦始皇陵兵马俑和古希腊雕塑作对比，分析中西雕塑在表现手法上的差异。秦俑雕塑以凝练、简洁、严谨且有力度的线条对形象加以塑造，对细部进行精心的刻画，每位秦俑将士的表情都根据年龄、身份而有所不同。此外，秦俑中陶马的雕塑也同样形象逼真。秦俑雕塑在形象雕塑上体现了高度的写实性，以为数众多、排山倒海的形象营造了壮阔的气势。相对而言，古希腊雕塑则更注重对形象的体积和团块感的塑造。古希腊雕塑家们以理性的解剖来表现雕塑的结构，不仅注重形象的面部表情，且注重描绘人体的动态及其所构成的曲线美。如著名的米洛斯的作品维纳斯塑像，女神端庄的容貌，丰腴的躯体，都通过合理优美的比例结构得到了淋漓尽致的表达，作为美的化身的女神体现着健美、青春及充沛旺盛的生命力。作为精神文化的物质载体，西方雕塑强调空间性，主要体现在对光影等物理技术和效果的运用。它观照雕塑本体的线条突出，对背景物品的辅助作用不甚突出，这样做的优点是作品独立状况较好，对雕塑感官状况的强调较全方位，所以也有人说将人体雕塑称为空间艺术是十分恰当的。中国美学突出强调情景交融，虚实相生。中国文化中对写意的重视造成中国的艺术作品对真实性、逼真性问题的忽视，而更加注重传神灵动。

（二）题材差异

中国一直保持着农耕的社会形态，人主要依附于自然而存在，所以，人与自然保持着和谐的关系，因此中国早期雕塑题材多从自然出发，以动物为主，"四羊方尊""莲鹤方壶"等就是其中的杰作。自佛教传入中国后，佛像也成为了我国传统雕塑的表现对象之一，云冈石窟、龙门石窟、敦煌莫高窟都是佛像的聚集地。同时，由于中国的厚葬习俗，使得陵墓雕塑也成为中国雕塑艺术上的奇观，最有代表性的就是秦陵兵马俑。相比之下，西方的宗教性社会，使人们相信世界万物都是神的力量显现的结果，在这样的环境下，神话传说成了西方雕塑的题材之一，如关于缪斯、阿波罗的神话等。另外，对人体美的表现是西方雕塑家的又一重要题材。由于体育竞技是古希腊社会生活的重要内容，竞技大多以裸露身体的方式进行，以便显示出竞技者强悍、优美的体型，而这就给雕塑家提供了良好的创作题材，如米隆的《掷铁饼者》。

二 形成中西雕塑差异的原因

唯物史观是关于人类社会发展一般规律的科学，它主张社会存在决定社会意识，社会意识是社会存在的反映。社会存在的性质决定社会意识的性质，社会存在的变化发展决定社会意识的变化发展。社会意识具有相对的独立性。社会意识有时会先于社会存在，有时又会落后于社会存在而变化发展。社会意识对社会存在具有能动的反作用。先进的社会意识可以预见社会发展的方向和趋势，对社会发展具有积极的推动作用，落后的社会意识对社会的发展具有阻碍作用。

（一）中西文化的差异

可以用唯物史观中的地理环境和人口因素来解释，中国的文化产生于东亚广袤的大陆，是典型的大陆型文化。由于长期从事农耕生产，人们依附于自然和土地而生存，依靠集体的力量发展生产和战胜自然灾害，所以，产生了一种崇尚含蓄、内敛，信奉集体力量的审美观。而西方文化则是在地中海附近的地域产生，是典型的海洋型文化。这种文化强调冒险和征服，崇尚个人的力量和英雄主义。这反映在雕塑艺术中突出表现了英雄气质和外向、奔放的审美情趣。

（二）中西审美观的不同

中西审美观的不同也就是唯物史观中的社会存在和社会意识关系的体现。中西雕塑艺术差异的形成，直接原因就是中西审美观的不同。中国的审美观强调的是集体之美。如秦陵兵马俑展现出强大阵列的威严、庄重之美,这种美是在众多的人俑的排列、组合当中显现出来的。而古希腊古罗马的雕塑强调的是个人展示出来的美。例如帕加马祭坛上表现宙斯和雅典娜与巨人战斗的浮雕,一共几十个人物,但作者刻意地刻画了宙斯和雅典娜这两个主人公,使之在整个浮雕中占支配地位。这在中国雕塑中是找不到的。另外,西方的审美观强调直观、明晰,而中国则强调委婉、内敛。比如在西方雕塑中,男子和女子多为半裸或全裸的姿态,给人一种强大的视觉冲击力。这在中国的雕塑中绝对找不到,并不是中国的雕塑家不重视人体之美,只是他们更希望间接、婉转地去表达这种美,希望欣赏者去想象、去感受。

小结

用唯物史观来分析中西雕塑艺术差异可以作出以下总结:中国处在一个相对独立的地理环境中,这种相对独立的环境保护了中华文化自身免受外来文化的冲击。而西方四通八达的环境及温暖的气候则促进了多种民族文化的交流。中国传统文化是综合的一元论,追求合二为一,这种文化形成了中国古代艺术创作的基本观念和表达方式:通过直接体验和感悟来把握并表现对象。而西方则是二元论,其思维模式以理性分析为方法,注重逻辑推理,古希腊雕塑结合了理想主义与科学主义,注重形象的结构、比例,是对形象科学的写实。

雕塑是人类的精神产物,也是人类文化的一部分,同其他艺术形式一样,雕塑的发展同样受不同地域文化的影响。对比中西雕塑的差异,既可以从中体现不同的文化特质,也可以纵观整个中西雕塑的艺术走向,是具有现实意义的。

第三节 中西影视文化差异与分析

电影作为日常生活中必不可少的一项娱乐活动,早就以“第七艺术”的形式登上了世界文化的舞台。狭义上我们所看到的电影似乎是以导演的内心意志为主导的一种表现形式。现代派的电影曾一度强调导演的个人情感经验,并且提出所谓的“导演中心论”“作者电影”“作家电影”等创作理念。而后现代的电影则不只是单独的以导演为核心来拍摄电影。

广义上的电影更是一门综合艺术，它需要编剧、摄影、美工、演员等整个创作团队共同努力，并进行良好的合作才能拍出广受人民群众喜闻乐见的优秀作品。

如今，电影产业正处于蓬勃发展的阶段，票房是衡量电影的重要指标。电影也不再单纯是一种欣赏艺术的手段，电影与商业的结合，使得电影在选材、风格、类型、场面上的设计都要符合市场的发展，但如果一心想着迎合商业的艺术色彩，而没有完全展示出它的艺术特点，那么，想必观众也是不买账的，这样就阻碍了电影商业的发展。由此可以得出这样的结论，电影的商业性和艺术性是相互依存的，只有同时发展电影的商业性和艺术性，电影才能得到长足的双赢的发展。本节以当今票房较高的中西方电影入手，从唯物史观的角度来对比，两者虽然不同，却为何占据了电影文化的半壁江山。

一　中西影视文化差异比较之英雄篇

"英雄主义"一词越来越被电影所夸大、突出。什么是英雄主义？英雄主义指的是人所具有的不甘落后、不愿平庸无闻的生活和工作，喜欢做出超常的惊世之举的一种精神面貌和意志品质，常分为革命英雄主义和个人英雄主义。电影中常常通过巨大的挫折或超常的困难来展现英雄人物，但是英雄的这种精神往往是跨越历史、穿越时空来体现其永恒魅力的。并且具有传承性，代代相传，也体现了一个民族的伟大精神。

西方的英雄体现出来的更多是个人英雄主义，与中国东方英雄不同的是，西方把重点放在渲染高大威猛的英雄上，这些英雄往往是一个凡人，通过一系列的巧合事件抑或是神的指派等成为拯救苍生的救世者。我们可以从《蜘蛛侠》（一个凡人被蜘蛛咬伤，从而基因发生变异具有超能力）或者《指环王》（主角某个人受到精灵公主的指引从而承担毁灭指环、摧毁摩多、拯救苍生的任务）中看到这些表现的手法。而中国的英雄主义大多是不同的，它们体现的是平凡普通的特点，没有什么惊人的能量，这些英雄大多悲壮，而且不以某个人物为特别的中心，着重对集体英雄主义的描绘，下面从唯物史观的角度分析中西电影中的英雄主义。

这两种文化特点与自身的环境有着密不可分的关系。以英雄文化频出的美国来说，美国三面邻水，东西部分别靠着大西洋与太平洋，南部为墨西哥湾，海上交通十分便利，有多个交通要道，海上贸易繁荣，这样就使国家形成了打破血缘的半开放式社会。经过内战和其他社会动荡，以及各个国家的移民，美国已经成了一个人种大熔炉，加上开放多变的文化，其民族精神也在不断吸收其他人种所带来的优良的品质，形成了灵活、开放、勇敢、进取、团结、协作的民族精神。艰苦奋斗与自强不息更是他们的品质，并且西方人更爱独立的精神，他们喜欢冒险、喜欢挑战、喜欢探索新事物、喜欢标新立异、革故鼎新。正因为临海的地理环境与大熔炉式的人口因素影响形成了美国现在的社会，其文化传统更加凸显外向型特征，这便突出了社会存在决定社会意识中文化这一方面。

英雄主义不仅展现了社会意识，并且还向我们展现了生产力的发展变化。以《超人》为例，《超人》这部电影上映时，美国正处于金融危机之中，人们都渴望有救世主拯救美国经济破败的现状。这时，《超人》系列电影便应运而生了。英雄们可以遇到事业的低潮、可以流下眼泪，但是绝对不能被击倒，是永远不能被战胜的，这反映了美国的一种霸权主义倾向。同时，英雄主义也反映了一种美国梦，只要奋斗与坚持，就能获得自己理想的生活，《当幸福来敲门》就是极好的一个例子。成功取决于自己的努力，每个人都可以成为英雄。虽然英雄会有遗憾，也可能被误解，但是最重要的是信念，只要有了信念，就会成功。其次，《超人》这部影片还反映了美国生产力的发展，例如从飞跃天空到翱翔太空，从追上火车到超越光速，并且拥有过人的听力和智力，这也反映了美国从第二次世界大战以后掌握了世界经济的领导权，自从苏联解体以后，又成为世界唯一的超级大国的自豪感和自信心。

相对比而言，中华文明起源于黄河流域，三面连着陆地，只有一面靠着浩瀚无际的太平洋，这使得中国自始以来，就处于与世隔绝的状态，一度以"闭关锁国"来维持自身的优越感；也正因为如此，中国文化一脉相承，保持相当强的稳定性和历史的延续性。从人口因素和人文环境来看，中国人安于现状，不愿意改变自己，其生活圈是非常狭小与封闭的。中国多高山与高原，因此，大山中的人民有的一生从未走出过自己生活的环境，这样便增加了人与人接触的固定性与长久性。中国人非常注重人情世故，注重人与人之间的和谐，这也是当今和谐社会所注重的。中国人形成的"中庸之道"与西方所追求的理性世界是完全不同的，不提倡个性的鲜明与张扬，这从很多电视剧中我们可以看到由于封建社会数千年的封建君主统治，权威是自上而下建立起来的，上级对下级是有绝对权威的，而下级对上级也要毕恭毕敬，同僚之间要和睦相处，这一切中国的电视剧比电影展现得更为清晰，例如《铁齿铜牙纪晓岚》中的和珅内部党羽。中国的忍文化也是非常出名的，两个关系非常紧张的人同在一些大型场合也能表现出收放自如，视敌如友一般。因此，中国的自然和人文原因形成了中华民族的内敛性格，反映到英雄身上便是谦虚、平和，事迹比较平凡，没有像西方英雄那样可以去拯救世界。

二　中西影视文化差异比较之电影特征篇

临海、开放等多种因素铸就的西方社会存在深深地决定了其社会意识，社会意识体现在电影这个社会文化的冰山一角便是西方电影更加突出个人意识，用娱乐方式来进行叙述。随着生产力的不断发展，进行过第一次、第二次工业革命的西方远远地把中国甩在身后。西方人利用手中的高科技制造出规模宏大的场景，场面逼真，不仅满足人们的视觉享受，而且在现实生活中无法出现的事情都能在西方电影中得到了展现。电影的风格更加注重视觉的刺激效果，场面比较豪华，以高科技、高投入和商业化的运作方式以及娱乐性的优势赢得了全球观众的喜爱，例如《阿凡达》标志着西方对电子科技 3D 技术的掌握，在此部影片中体现了西方人对未来宇宙的探索和好奇。在影片《2012》中，用高科技震撼手段描绘世界末日的感觉。

中国本土的电影以社会意识形态内涵为导向，比较注重教育观念，具有浓重的本土文化色彩，这与几千年的小农经济有非常大的关系。中国古代的经济以小农经济为中心，此种低下的社会生产力决定我们原先的生产关系是以自给自足为中心的。在此经济基础上建立起来的上层建筑是以封建文化道德观念为重的，封建阶级为了维护自身统治设置了三纲五常，这些伦理道德对今日的社会仍然有很大的影响。所以，遵守人伦常情，构筑情感世界和借助人伦情感来褒贬判断，成为中国电影常见的情感支撑点。"重道德、重文化、重教育"是与中国传统文化、国情和政治有很大关系的，并且中国电影与欧美电影相比更加突出与现实之间的联系。中国电影擅长将社会图景、普通民众的命运与通俗的电影模式相结合，表达平凡人的意志和对生活充满了无穷无尽的希望。

三 中西电影文化差异比较之价值观篇

价值观作为社会意识的一部分，对电影产生了巨大的影响。西方的地理环境与人口因素所组成的社会存在决定了西方国家的社会价值观是独立与自主。在西方电影中，就常常会突出民主平等与个人自由和乐观向上的正能量。例如《美丽人生》就是描述法西斯主义对犹太人残杀的历史。在电影中，历史只是一种背景，孩子的父亲一直用乐观的态度，善意的谎言对待孩子，直到最终孩子等到了盟军，获得了个人的自由。在整部电影中，一直穿插着浓郁的情感色彩和人性的亮点。正因为他们的民主平等，西方人普遍认为不满、分裂、冲突是获得个人平等与自由权的最好方式。例如在法国，时常进行示威游行、罢工，民众自身的凝聚力是微小的，而且进行消极的示威游行要比进行一些合作的、富有建设性的活动更加容易。因而现实反映到电影中便是冲突与极端暴力极为常见。

在中国的文化中，小农经济基础上建立起来的上层建筑为了维护自身统治，曾使儒家思想长期成为统治阶级思想的典范。由于与西方的性质不同，我国电影主要表现的是集体主义精神，个人的利益始终服从于集体的利益，而集体利益的精神是服务人民群众，是奉献精神。不仅如此，儒家思想讲求的"天人合一"，强调我们应尊重自然，遵循自然规律，追求人与自然的和谐。这从另一角度来看，充分反映了社会意识是反作用于社会存在的。中国的传统文化把谋求人与自然、社会的和谐统一作为人生理想的主旋律，从而造成了谦虚谨慎、含蓄内向的柔弱的文化品格。这使得景物的描写成为中国电影一大特色，例如《英雄》中两位红衣女子在充满鲜艳黄色落叶背景下的打斗极富有色彩感与诗意。在《孔子》这部电影中，中国坚持千年的儒家思想便得到了很好的体现。孔子最得意的弟子为了抢救冰河里的书籍，最终冻死在冰凉的水里，而孔子也无能为力，这所体现的就是儒家宣扬的对知识的尊重，也体现了一个国家的价值取向。但是中国文化专注于自身的内心世界，缺乏西方文化的理性传统和对科学的探索热情。

综上所述，地理环境、人口因素作为生产方式所包含的对象，决定了社会意识，也就是社会存在决定社会意识，而社会意识在一定程度上也反作用于社会存在。中西方不同的价值观对待自然与人的态度是不同的。电影作为社会意识的一种表现形式，无时无刻不在阐述着社会存在对其的影响，在此方面，中西方电影都在详述着这个主题。

第 九 章

中西居家生活方面的差异与分析

本章讨论的话题是全书中最富生活化和人情味的内容，吃是中国人最爱谈论的话题之一，电视上播放的《舌尖上的中国》成为风靡全国、收视率迅速飙升的纪录片，中国人人人都能讲出一套关于吃的大道理来。除了吃，本章还讨论了穿、住、行（旅游）、婚姻等，这些都是很有趣的话题，相信读者能够在轻松愉快的阅读中收获到知识并增长见识。

第一节　中西饮食文化差异及其原因分析

一　中西饮食文化差异

中国是世界上最古老的国家之一，有五千年悠久而厚重的历史，创造了无数的灿烂文明。这种文化也塑造了中国独特的饮食文化。最近电视上播放的《舌尖上的中国》系列纪录片成为家喻户晓、妇孺皆知的高收视率节目。中国饮食有以下几个显著特点。

第一，中国饮食，风味多样。由于我国幅员辽阔，地大物博，各地气候、物产、风俗习惯都存在着差异，长期以来，在饮食上也就形成了许多风味。我国一直就有"南米北面"的说法，口味上有"南甜北咸东酸西辣"之分，随着时间的积累，在这片辽阔的土地上，逐渐形成了八大菜系（鲁菜、川菜、粤菜、苏菜、闽菜、浙菜、湘菜、徽菜）。

第二，中国饮食，四季有别。一年四季，按节而吃，是中国烹饪又一大特征。自古以来，我国一直按季节变化来调味、配菜。冬天味醇浓厚，夏天清淡凉爽，冬天多炖焖煨，夏天多凉拌冷冻。

第三，中国饮食，讲究美感。中国的烹饪，不仅技术精湛，而且有讲究菜肴美感的传统，注重食物的色、香、味、形、器的协调一致。对菜肴美感的表现是多方面的，无论是一个红萝卜，还是一个白菜心，都可以雕出各种造型，独树一帜，达到色、香、味、形、美的和谐统一，给人以精神和物质高度统一的特殊享受。

第四，中国饮食，注重情趣。我国烹饪很早就注重品味情趣，不仅对饭菜点心的色、香、味有严格的要求，而且对它们的命名、品味的方式、进餐时的节奏、娱乐的穿插等都有一定的要求。中国菜肴的名称可以说出神入化、雅俗共赏。菜肴名称既有根据主、辅、调料及烹调方法的写实命名，也有根据历史掌故、神话传说、名人食趣、菜肴形象来命名的。

第五，中国饮食，食医结合。我国的烹饪技术，与医疗保健有密切的联系，在几千年前就流行着"医食同源"和"药膳同功"的说法，利用食物原料的药用价值，做成各种美味佳肴，达到对某些疾病防治的目的。

西方以欧美为代表，其文化同样源远流长。到中世纪，欧洲文化已十分完善，在此期间，西方的饮食文化已经形成。其主要特点为：主食以面粉为主，原料也较为丰富，制作方法较中国简单，但同时也十分注重口味。西方人对饮食强调科学与营养，故烹调的全过程都严格按照科学规范行事。西方饮食文化拥有系统的饮食典籍，主要包括四大类，即烹饪技术类、烹饪文化与艺术类、烹饪科学类、综合类；西方饮食拥有独特的饮食科学，包括天人相分的生态观、合理均衡的营养观、个性突出的美食观；西方饮食拥有起伏的饮食历史，意大利菜是鼻祖，法国菜是国王，美国菜是新贵；西方饮食拥有精湛的饮食制作技艺，在制作上精益求精、追求完美，也重视美食与美名、美食与美器、美食与美境的配合。拥有众多的饮食品种，著名菜点有意大利菜、法国菜、美国菜、德国菜、俄罗斯菜等；著名饮品有葡萄酒、咖啡、红茶；西方饮食文化拥有多彩的饮食民俗；日常食俗以肉食为主、素食为辅；节日食俗，宗教色彩浓厚，敬奉上帝，以玩乐为主。

（一）饮食观念的差异

中国人的饮食强调感性和艺术性，追求饮食的口味感觉，而不够注意食物的营养成分，多从"色、香、味、形、器"等方面来评价饮食的好坏优劣，追求的是一种难以言传的意境。简单地说，中国人吃的是口味。"味"，是中国饮食的魅力所在。中国人饮食的目的，除了果腹充饥，同时还满足对美味的渴望，带来身心的愉悦。中国烹饪常把多种原料放在一起调和，使它们几乎失去了各自的本色，却产生一种新的综合的美味。如福建名菜"佛跳墙"，里面有鸡肉、鸭肉、猪蹄筋、瑶柱、鲍鱼、海参、猪肚、鱼翅等多种主料，还有数种辅料。从这道菜里面再也吃不出各菜的本味，尝到的是一道全新的美味佳肴。这样调制出来的成品，个性全被埋没，而整体却光彩辉煌，这与中国人贬抑个性、讲平均、重中和的中庸之道是相通的。中国饮食的感性化，使它充满想象力和创造力并倾向于艺术化，这是一种超越了必然性的自由境界，它的最大特点就是随意性。同一菜肴可因地区、季节、对象、等级的不同而操作处理不同。在原料采用上，可化腐朽为神奇，鸡脚可变成"凤爪"，鱼头可做"砂锅炖鱼头"等；在制作技法上，更是信手拈来便是一道美味佳肴。中国饮食对营养科学只是一种经验性的模糊把握。

西方是一种理性的、讲求科学的饮食观念。他们强调饮食的营养价值，注重食物所含蛋白质、脂肪、热量和维生素的多少，而不追求食物的色、香、味、形的完美。在饮食上反映出一种强烈的实用与功利的目的性。饮食仅是生存的手段，用以果腹充饥而已，只不过它采用了一种更科学、规范和合理的方式。受理性化思维方式影响，西方饮食较讲求科学，特别是在现代营养分析科学产生后，更助长了他们在饮食方面固有的理性分析倾向，致使他们在饮食搭配上更注重营养成分的组合，根据人身体具体状况来配给饮食。如西方的中小学校都配有营养师，以保证青少年的营养充足和平衡。这种科学化、理性化的饮食观念，是值得中餐借鉴的。但这又使西餐在用料上受到极大的局限，西方人不吃动物内脏，以及一切他们认为没有营养价值的东西。同时在烹饪技巧上也显得机械呆板。牛排就是牛排，鸡就是鸡，各式蔬菜也决不会混杂串味，也不会变出多少花样来。若要论档次，就要靠餐具、环境、菜肴原料在形和色上搭配来区别了。西餐的这种机械性，又是我们要克服的。总之，西方饮食用绝对的理性来规范人的行为，用"科学""营养"来排斥能给人带来愉悦享受的美食，虽能满足生理需要，但不能使人从中获得精神上的愉悦，可谓美中不足，而中餐在这一点上却恰恰相反。

（二）饮食材料的差异

中国受农业文明的影响，在其传统的饮食结构中，主食为五谷，辅之以蔬菜和少量肉食，植物类菜品占主导地位，我们称之为"素菜"，通常只在年节里才加进荤菜。这一饮食习惯又深受佛教文化的影响，使之更加明显。佛教认为，动物是"生灵"，而生灵是不可以杀灭的，更不能食用。佛家提倡的"戒杀放生"等思想，与儒家的"仁心仁闻"观点相契合，加之道教亦忌食鱼肉荤腥，从而在中国大开素食之风。同时，也推动了蔬果类植物的栽培与烹调制作技术的发展，特别是豆类制品技术的发展。

西方人多食用荤菜，比较注意动物蛋白质和脂肪的摄取，在其饮食结构上，也以动物类菜品居多，主要是牛肉、鸡肉、猪肉、羊肉和鱼等。这是与西方的游牧、航海民族文化相联系的。航海、游牧民族以渔猎及养殖为主要活动，辅之以种植业，这就决定了他们饮食的主要来源是动物。不仅是饮食，而且生活的其他许多方面的需要都取之于动物。

（三）加工方法的差异

在中国，烹调是一种艺术，它以极强烈的趣味性，甚至还带有一定的游戏性，吸引着以饮食为人生之至乐的中国人。烹调之于中国，简直与音乐、舞蹈、诗歌、绘画一样，拥有提高人生境界的伟大意义。中国烹饪方法奇多：溜、焖、烧、氽、蒸、炸、酥、烩、扒、炖、爆、炒、砂锅、拔丝等无所不有，做出的菜肴更是让人眼花缭乱。中餐工艺的变化较为复杂，很多菜点都费工费时，点缀过多，进盘的很多不能食用，不但造成原料的浪费，而且效果未必好。中国厨行有句话："厨师三分艺，用料七分功"，强调厨师个人对原料的选择、分档使用的重要性，也就是原料的标准对菜肴的出品起着决定性的作用。

西方人饮食强调科学与营养，烹调的全过程都严格按照科学规范行事，菜肴制作规范化，因而厨师的工作就成为一种极其单调的机械性工作。再者，西方人进食的目的首在摄取营养，只要营养够标准，其他尽可宽容，因而今日土豆牛排，明日牛排土豆，厨师在食客一无奇求极其宽容的态度下，每日重复着机械性的工作，当然无趣味可言。西方的烹饪方法不像中国那样复杂多变，西餐的装盘立体感强，可食性强，所有进盘的食品基本上都能食用，点缀品就是主菜的配菜。西餐的原料多选择新鲜、无污染、天然、操作工艺自然的食材，尽量发挥其本味，干货原料用的不是太多，牛奶在西餐中是不可缺少的原料。供应商已根据原料的特点，使其进一步标准化、规范化，厨师不再是单纯根据自己的经验来判断和确定使用哪种原料。

（四）用餐方式的差异

1. 餐具

中国人的餐具主要是筷子，辅之以匙，以及各种形状的杯、盘、碗、碟。中国烹饪讲究餐具的造型、大小、色彩与菜品的协调，讲究"美器"，把饮食当作艺术活动来对待，不仅要一饱口福，还要从中得到一种美的艺术享受。

西方人多用金属刀叉，主要有不锈钢或镀银、纯银等餐具，以及各种杯、盘、盅、碟，也是各司其职，不能混用。但西餐在装盘配器上不像中国人那样强调艺术美，其餐具的种类、菜肴的造型都较为单调。

2. 就餐环境

中国人无论是家庭用餐还是正式宴席，都是围坐在圆桌周围聚餐，共享一席。人们相互敬酒、劝菜，要借此体现出人们之间的相互尊敬、礼让的美德，以及和睦、团圆的气氛。特别是在各种年节里，更是借饮食而合欢。这种会食方式，是中国饮食文化的一个重要传统，它是以氏族宗法观念为基础的。会食方式首先在家庭及家族中普遍存在，继而推广到家族之外。中国人常通过这种用餐方式来教化和表达各种"礼"，来反映长幼、尊卑、亲疏、贵贱等关系以及交流感情。由于这种围坐共饮的方式迎合了传统家族观念，客观上起到了维护家庭稳定和促进家庭成员团结和睦的作用，所以长久地流传下来。阖家老小欢聚一堂宴饮也确是一种天伦之乐。但这种用餐方式也有它的弊端，主要是不讲科学、不卫生，浪费也很大。现在，人们已逐渐认识到这种弊端，开始改革，如我国的国宴已实行了分餐制，但在全社会尚有待于普及。

西方人习惯于分而食之。在西式宴会上，虽也围坐，但各人的食物是单盘独碟的。西方分餐制中最典型的一种形式，就是自助餐。就餐者各取一套餐具，从已准备好的食物中各取所需，不必固定座位，可以自由走动。这种用餐方式不仅可以充分满足个人对食物的喜好，还便于社交，便于个人之间的情感与信息的交流，而不必在餐桌上将所有的活动公之于众。所以，在西式饮宴上，食物只是一种手段和陪衬，而不是全部的目的，宴会的核心在于交谊。这种用餐方式充分体现了西方人对个性、对自我的尊重，强调了个人的独立和自主。在这一点上与中国的大一统文化模式是截然不同的。特别是自文艺复兴运动以来，西方社会大力提倡平等、自由、人权、个性解放等精神，使人的个性及自由意识得到极大的张扬，造成了一种强调个性自由发展的文化环境。更重要的是，这种用餐方式文明、卫生，符合科学精神。

3. 用餐礼仪

在礼仪方面，中西之间更显不同。在中国古代的用餐过程中，就有一套繁文缛节。《礼记·曲记》载："共食不饱，共饭不择手，毋放饭，……毋固获，毋扬饭，……卒食，客自前跪，撤饭齐以授相者，主人辞于客，然后客坐。"这段话大意主要是：大家共同吃饭时，不可以只顾自己吃饭。如果和别人一起吃饭，必须检查手的清洁。不要把多余的饭放回锅里，不要专占着食物，也不要簸扬着热饭。吃完饭后，客人应该起身向前收拾桌上的盘碟，交给主人，主人跟着起身，请客人不要劳动，然后客人再坐下。这些礼仪有的在现代也是必要的礼貌。中西方的饮食方式有很大不同，这种差异对民族性格也有影响。在中国，任何一种宴席，不管是什么目的，都只会有一种形式，就是大家团团围坐，共享一席；筵席要用圆桌，这就从形式上造成了一种团结、礼貌、共趣的气氛。美味佳肴放在一桌人的中心，它既是一桌人欣赏、品尝的对象，又是一桌人感情交流的媒介物。人与人相互敬酒、相互让菜、劝菜，在美好的事物面前，体现了人与人之间相互尊重、谦让的美德。虽然从卫生的角度看，这种饮食方式有明显的不足之处，但它符合我们民族崇尚"大团圆"的普遍心态，反映了中国古典哲学中"和"这个范畴对后代思想的影响，便于集体的情感交流，因而至今难以改革。

在西方宴席上，主人一般只给客人夹一次菜，其余由客人自主食用，若客人不要，就不再劝人家吃，也不像中国人的习惯频频给客人劝酒、夹菜。吃东西时不发出响声，但客人要注意赞赏主人准备的饭菜。若与人谈话，只能与邻座交谈，不要与距离远的人交谈。

二 用历史唯物主义来分析中西饮食差异

历史唯物主义认为：一切重要历史事件的终极原因和主要动力是社会的经济发展，是生产方式和交换方式的改变，是由此产生的社会之划分为不同的阶级，是这些阶级彼此之间的斗争。历史的所有事件发生的根本原因是物资的丰富程度，社会历史的发展有其自身固有的客观规律。以下将试从三个方面来分析中西饮食文化差异：

（一）食材的分析

1. 经济基础决定上层建筑

中国的古代文明发源于大河流域，属于农业文明，中国传统的农业生产模式是自给自足的自然经济，中国人被称为植物人格。中国农业到现在都还保留着大量的靠人力和畜力的农业生产模式，农业机械化程度低。一直到了改革开放时期，中国的农业和经济才开始慢慢复苏和发展。

相比之下，西方的古希腊文明，发源于爱琴海沿岸，属于海洋文明，况且欧洲的农耕远不像中国的农耕在古代社会那样重要，相比之下，畜牧业和渔业较为发达，西方人被称为动物人格。西方人喜欢向外探索，属外向型文化。而且西方国家在 17 世纪开始工业革命，很早就进入了工业经济时代，实现了机械化大生产乃至信息化管理，生产力已经达到了一个很高的水平。

用一些经济数据可以加以说明。1978 年中国的 GDP 是 2165 亿美元，美国为 22938 亿美元，美国为中国的近 10.5 倍；2010 年中国的 GDP 是 58790 亿美元，美国为 146578 亿美元，美国为中国的近 2.5 倍。

另外我们还可以用恩格尔系数来对此加以说明。恩格尔系数（Engel's Coefficient）是食品支出总额占个人消费支出总额的比重。19 世纪德国统计学家恩格尔根据统计资料，对消费结构的变化深入研究后得出一个规律：一个家庭收入越少，家庭收入中（或总支出中）用来购买食物的支出所占的比例就越大，随着家庭收入的增加，家庭收入中（或总支出中）用来购买食物的支出比例则会下降。推而广之，一个国家越穷，每个国民的平均收入中（或平均支出中）用于购买食物的支出所占比例就越大，随着国家的富裕，这个比例呈下降趋势。恩格尔系数 = 食物支出金额 ÷ 总支出金额 × 100%。一个国家平均家庭恩格尔系数大于

60% 为贫穷；50%—60% 为温饱；40%—50% 为小康；30%—40% 属于相对富裕；20%—30% 为富足；20% 以下为极其富裕。我们国家在 1978 年的城乡平均恩格尔系数为 63%，属于贫穷国家；美国和欧洲在那个时候就已低于 30%，属于富足的国家。2011 年，中国的城乡平均系数为 40.8% 左右，属于相对富裕，此时美国的该系数已降低至 20% 以内，属于极其富裕的国家。

　　分析了以上经济数据之后，我们不难看出，中国相比西方国家，吃蔬菜等素菜较多；而西方人则肉食较多，其根源深深地扎根于经济基础之中，生产方式决定了经济发展，经济发展决定了人们的生活水平，人们的生活水平决定了其生活的方方面面，当然也就包括其中的饮食习惯。但是我们需要注意到的是，近年来西方各国由于对健康饮食的要求越来越高，以及心脑血管疾病的发病率居高不下，开始有意地降低高热量、高脂肪食品的摄入量。然而，由于近年来我国人民生活水平的普遍提高，肉食和其他高热量的食物摄入量迅速提高，心脏病、高血压、糖尿病等疾病的发病率逐年提高，甚至连儿童的发病率都有很大提高。这提醒我们尤其要注意合理膳食。

　　2. 社会存在决定社会意识

　　封闭的大陆型地理环境使中国人的思维局限在本土之内，善于总结前人的经验教训，喜欢"以史为镜"，习惯于纵向思维，而空间意识较弱。这种内向型思维导致了中国人求稳好静的性格，对新鲜事物缺乏好奇，对未知事物缺乏兴趣。

　　而西方国家大多数则处于开放的海洋型地理环境，工商业、航海业发达，自古希腊时期就有注重研究自然客体，探索自然奥秘的传统。同时，海洋环境的山风海啸、动荡不安，也构成了西方民族注重空间拓展和武力征服的个性，导致其对力量的追求和崇拜。

　　这也就决定了西方人好吃肉，中国人好吃素的特点，也即中国人的植物人格和西方人的动物人格。这一点在运动上也得到充分体现，西方人在日常生活中健身、慢跑等活动是不可缺少的内容，甚至很多人节约午休时间进行锻炼，充分体现了对个人力量的崇拜。相比之下，中国人就好静了许多，最常见的是老年人喜欢慢性运动（太极，健身操），年轻人偶见散步，不过随着世界距离变小，西方的健身观也影响了中国的年轻一代。

（二）饮食观念的分析

有人说，文化就像无所不在的万有引力，当你跳跃的时候就能感到它的存在。其实文化更像一个磁场，在不同的地域有着不同的分布，而同处一个磁场的中西方文化，在交流的过程中必然会碰撞出火花。

在饮食文化中，无论选材，还是加工，西方人民都突出地展现出理性、科学和充满逻辑思维的一面；而中国人展现出来的是感性、经验和充满艺术感受的一面。西方文化的思维模式注重逻辑和分析，而东方文化的思维模式则表现出直觉整体性，这一点也是中国传统文化思维的特征。由于这种传统文化的影响，中国人往往特别重视直觉，注重认识过程中的经验和感觉，在交往中也往往以这种经验和感觉去"以己度人"。与西方人的思维模式相比，中国人的这种思维模式具有明显的笼统性和模糊性，久而久之，会形成一种思维定式，可以解释为识别和简化对外界事物的分类感知过程。

（三）就餐环境和饮食礼仪的分析

中国人就餐喜欢共餐，圆桌、敬酒、劝菜，以热闹为主；而西方习惯分食制，注重个人的独立空间和尊重。食品加工方面，西方也更纯粹一些，突出每个食物本身的味道和营养价值，而中国的做法是强调口感和味道，用的调料较多，重烹饪，并以此来产生新的味道，食物原味所剩无几。究其原因，这跟中国人的中庸之道以及西方的独立自由的个人精神有很大关系。

在中国两千多年的封建社会历史的过程中，儒家思想一直占据着根深蒂固的统治地位，对中国社会产生了极其深刻而久远的影响。中国人向来以自我贬抑的思想作为处世经典，这便是以儒家的"中庸之道"作为行为的基本准则。"中"是儒家追求的理想境界，人生处世要以儒家仁、义、礼、智、信的思想道德观念作为每个人的行为指南；接人待物，举止言谈要考虑温、良、恭、俭、让，以谦虚为荣，以虚心为本，反对过分地显露自己表现自我。因此，中国文化体现出群体性的文化特征，这种群体性的文化特征是不允许把个人价值凌驾于群体利益之上的。在中国文化中，人们推崇谦虚知礼，追求随遇而安，不喜欢争强好胜，同时社会风气也往往封杀过于突出的个人，正所谓"行高于众，人必非之"。在中国文化中，集体取向占据主导地位，追求个人发展被视为是一种严重的个人主义，必然会受到谴责。中国人注重谦虚，在与人交际时，讲求"卑己尊人"，把这看作一种美德，这是一种富有中国文化特色的礼貌现象。在别人赞扬我们时，我们往往会自贬一番，以表谦虚有礼。

西方国家价值观的形成至少可追溯到文艺复兴运动。文艺复兴的指导思想是人文主义，即以崇尚个人为中心，宣扬个人主义至上，竭力发展自己表现自我。"谦虚"这一概念在西方文化中的价值是忽略不计的。生活中人们崇拜的是"强者""英雄"。有本事、有才能的强者得到重用，缺乏自信的弱者只能落伍或被无情地淘汰。因此，西方文化体现出个体文化特征，这种个体性文化特征崇尚个人价值凌驾于群体利益之上。西方文化非常崇尚个人主义，"随遇而安"被看作是缺乏进取精神的表现，是懒惰、无能的同义语，为社会和个人所不取。个人本位的思想根植于他们心中，人们崇尚独立思考，独立判断，依靠自己的能力去实现个人利益，并且认为个人利益至高无上。当他们受到赞扬时，总会很高兴地说一声"Thank you"表示接受。由于中西文化差异，我们可能会认为西方人过于自信，毫不谦虚；而当西方人听到中国人否定别人对自己的赞扬或者否定自己的成就，甚至把自己贬得一文不值时，会感到非常惊讶，认为中国人不诚实。

小结

以上我们从饮食观念、食材、加工手法、用餐环境、礼仪等方面分析了中西方的饮食文化差异，但是，最终都可以从社会存在或是经济基础来找到依据和根源，充分证明了唯物史观是一个有力的分析工具。通过中西饮食文化对比，我们会发现，没有对错，只有选择，不同的历史条件、经济基础为我们选择了不一样的饮食文化。然而，在全球化进程加速的今天，世界的距离在不断缩短，这也就给我们个人提供大量的不同选择，我们能接触到更多不同的文化和习惯，还可以从中根据个人喜好、个性来选择不同的饮食方式，最大程度地服务于自己的生活和个人发展。

第二节　中西电影中的服饰差异及原因

电影是一门集戏剧、文学、音乐等艺术形式为一体的综合艺术，它用自己特有的艺术手段来刻画人物、叙述故事和揭示主题。电影在刻画人物个性、叙述情节、表现内容上都离不开服装的设计。中国电影和西方电影在哲学、审美观念、民族性格、经济文化水平等方面有着巨大的差异，这种差异的外在表现突出地反映在服装的穿着和设计上。西方电影重理求真，中国电影重智求善，服装的差异折射出文化、传统、爱好的区别，因此，中国电影和西方电影为人们展示了丰富多彩的服饰文化，呈现出鲜明的地域性和民族性。

西方电影重理求真。所谓"理"，原指玉石的纹路，引申为物的纹理或事的条理。中国哲学概念中通常将理指条理、准则。战国韩非子认为："理者，成物之文（指规律）也。"又说："万物各异理。"（《韩非子·解老》）理为事物的特殊规律，和普遍规律的"道"有区别；"真"则是事物的本原，与"伪""假"相对，这是西方文化求真务实的基本理念。中国电影重智求善。中国人崇尚智慧、智谋，《淮南子·主术训》中说："众智之所为，无不成也。""善"则指事物的善良和美好。西方美学总是将美的价值与真实的"真"连接在一起，如果脱离了"真"，那就与美无缘。然而在中国，传统观念中美总是与"善"相联系，尽善才能尽美。从中外哲学和文化的观念中可以发现西方文化对于事物本身最本质属性的探索与追求，是他们重视对真实的客观规律的把握，他们正是通过对"理"和"真"的辨析，强调非主观的理性成分的物性本原，才使艺术走进科学，走向真实。而东方文化侧重主观情感的意象表达，将"智"和"善"纳入感性、含蓄的认识之中。

我们可以从中国和西方电影在服装形式的差异方面，发现西方电影是如何对服装大胆地袒露和对人体力和美的张扬，中国电影是藏而不露或含蓄朦胧地处理，从中看出中西文化的大相径庭。美国电影《斯巴达克斯》表现了奴隶渴望自由而获得精神的再生。尽管奴隶斯巴达克斯出身卑微，他在衣不遮体的背后毫不含糊地袒露出强健的体魄，满身的肌肉垒起了英雄般的斗士形象，由里到外透露出力与美的气质，随时会爆发出惊天动地的力量。简单的短褐裹不住雄壮魁梧的躯体，力大无比、勇猛强悍的形象凸显了西方电影对于力的崇尚，尽管斯巴达克斯在电影中说："我并不是动物"，但就西方电影而言，那些绞尽脑汁、精于算计的人往往是反面人物的代表。

西方电影的服装风格具有源远流长的历史，传统的欣赏习惯与宗教信仰密不可分。因此我们看到西方的电影中一般都会大胆、直接地表现服装的力之美和赤裸美的原貌。在法国电影《路易十四的情妇》中，女主角玛姬（苏菲·玛索主演）注定是颗闪亮的巨星。她本来出生在贫穷的下层社会，是个粗俗的跳舞女郎，只会靠服饰的打扮，透着浑身娇艳的身材，性感的服饰在舞蹈中散发着迷人的诱惑。我们看到玛姬在国王路易十四面前是如何浪荡诱惑君主，通过服饰展现女性最本能的性魅力。此外，在这个电影中，我们还能看到出入凡尔赛宫的贵族们，披着卷曲的垂到肩膀的假发，穿着紧身合体的上衣"鸠斯特科尔"，这种上衣用华丽的锦缎制成，收腰，下摆扩张，有宽大的翻折上来的袖克夹，亚麻内心微微显露，无领，前门襟上是一排用材贵重的扣子。路易十四时期的女装更是地位与身份的象征。高耸的"芳坦鸠"发饰，低袒的前胸，紧身衣勒紧细腰，袖长及肘，下身为膨大的裙子，尽显端庄俊秀。电影中贵妇们在衣着上极尽变化之能事，着力显示率真奔放之相貌，以期获得君王的注目。在电影《路易十四的情妇》中，宫廷服装变成了传统礼仪的一部分，华丽庄重，拘泥虚礼，而苏菲·玛索所扮演的玛姬，穿着打扮不拘小节，能够裸露的地方让人一览无遗，举手投足的吉卜赛气质，无时无刻不折射出美丽的活力，在一个辉煌的舞台上，与上流社会形成鲜明对比，扮演着名副其实的主角。西方电影中，在华丽服饰背后总是漂浮着看得见的性感，紧身胸衣裹着高贵的人体，半裸的酥胸，细细的腰身，处处显出人体的明艳娇柔。

中国电影则充分展示中国文化中特有的"智"和"善"，这其中蕴含着主观约束与自律成分，它很少展现身体本身，常常是在传统的承载中显示出智慧和贤德。在电影《天云山传奇》中，冯晴岚那件破旧的毛衣，就属性而言是道具而已，绝非西方电影中展示性感、获得雅致风度的服饰。从审美的角度来说，西方电影往往赋予服装以唯美的境界，而中国电影的服装则是显示善良、表现诚实的载体。这部电影结尾时，冯晴岚那件破旧的毛衣，它晾在绳子上，镜头反复调焦，此时，衣服已不是服装，它是道具，是象征，无论形象还是道具，已成为爱情和忠诚、勤劳和善良的集中体现。通过这件毛衣，使女主人成了一代中国知识分子美与善的化身。据说，导演在处理这件旧毛衣时用心良苦，他让道具创作人员硬是将一件崭新的毛衣，反复搓洗，加工成一件破旧的毛衣，最后成就了中国知识分子特殊年代与"美"无关的服装。

中西方文化的巨大差异，导致了电影中服装形式的迥然不同。有专家曾说：人们无须观看人物形象，只要瞥一下因文化观念不同而形成的服饰风格，就可以一目了然分辨出人物的国籍。当然随着改革开放的不断深化，中国服装设计的日益变化，在电影中服装的审美已经日趋接近西方是不争的事实，然而在电影中只要表现中国女性特有的东方服装魅力，往往少不了旗袍的服装造型，这与西方服装的审美依然有着很大的差别。王家卫导演的电影《花样年华》中，以独特的艺术视野，挖掘了中国传统服装的博大精深，张曼玉身着旗袍在路灯的摇曳下，朦朦胧胧，藏而不露，隐含寓意，神奇地吸引着观众的目光。这种含蓄，是旗袍历经百年之后，依然以它独特的造型、布局、色彩、线条、图案等手段给人以整体的和谐美。它有时通过封闭、隐匿的造型透露女性的高雅，有时又通过局部的开衩增加浪漫的元素，通过紧身收体来展现女性动人的曲线。电影《花样年华》的旗袍大量采用刺绣、图案和其他装饰手法，表达丰富的服饰内涵，以丰富的想象来展现中国电影中的浪漫情调。随着电影中旗袍的不断翻新变化使剧情丝丝入扣，服装的整体配合使电影尽显典雅时尚之感。服装烘托了环境、服装映衬了人物、服装反映了时代，最后服装也成全了电影。

上文已述，西方电影中服装文化观念最大的特点是崇尚人体美。从表现古希腊的电影《斯巴达克斯》，到表现欧洲 16 世纪的《路易十四的情妇》，再到表现欧洲 20 世纪的《西西里的美丽传说》，西方电影常常把讴歌和展示人体自然美当作至高无上的典型。服饰在电影中常常成了身体的"副件"，女性通过或透明，或裸露，或紧身的服饰，毫无顾忌地突出形体美，男性则通过服饰来体现强健的体魄和威力无比的力量。因此，在西方电影中，服装的功能之一就是吸引异性的有力武器。西方电影特别喜好、擅长通过对人体曲线和某些部件的裸露来挖掘服饰的潜在作用，善于运用服装的款式，最大限度地提高视觉感官效果，使情感产生剧烈的触动，让人有无穷的遐想，给人以不可名状的感觉。意大利电影《西西里的美丽传说》，小镇上的女子玛莲娜的魅力征服了整个镇子，演员莫妮卡没有含蓄的着装，而只有一条紧身短裙，富有地中海韵味的身体条件，使她成为小镇上公认的美丽典范。可以说她简单的服装使她美丽的脸、手、最性感迷人的胸部、丰臀和最惊艳的美腿更加不同凡响，那个少年在偷窥和想象服装背后的性启蒙，其情感的欲望、记忆是那么让人神魂颠倒，玛莲娜充分利用紧身的短裙以她那特有的步伐成了片中最精彩的镜头之一。导演很好地利用了服装，营造了视觉美感，渲染了对性爱的美好幻想。对西方有些设计师来说：服装与情欲天生就是交流的，当人们发现有一种元素可以让服装通过艺术设计散发原始魅力，达到超自然的审美体味时，设计师的思维、艺术灵感，开始有了冲动，情色的力量可能是西方电影服装的内在动力之一。西方电影服装设计师不满足一般时尚风潮的引领，而试图成为风口浪尖的艺术创新的弄潮儿，他们不满足夸张的、缺少内涵的、肤浅的设计，他们需要服装通过电影明星的表演，在妙曼身姿的映衬下，展现更为诱人的服装艺术，不再把性、欲望、隐私当作犹抱琵琶半遮面的把戏，使之成为永恒的艺术，成为迷幻诱人的秀场。

　　西方电影的服装除了展现人体美之外，另外一个特点就是表现自我，突出个性，通常是用以前被我们国人贬之为"奇装异服"来实现自我设计、自我表现、自我创造的精神追求。在这类电影中，常常有这样的典型服装——撕裂的 T 恤、挖洞的牛仔裤、内衣外穿，企图借用服装来解放女人对性的观念，极度地标榜自己，树立另类、怪异的形象，力求彰显自己的独特个性。麦当娜就是这类电影标新立异、叛逆的标签，抑或直接真空上场，让人叹为观止的荒诞服装，伴随着紧身束胸爆乳装，将女性特征发挥到极致。这种性色彩强烈的甚至具有侵略性的和强势的设计时尚，一直是电影设计师追逐的目标，这既符合麦当娜个人定位的设计，也是光怪陆离的设计师卓尔不群的个人风格，很难确定是谁成就了谁。在西方电影中，以服装为媒介，反对柔美、拒绝雷同的片子不在少数，导演和服装设计师往往在充分挖掘服装的物理性能、人体线条的表现力之后，更是将强烈的感情迁入其中，使服装设计走向极端。

中国电影的传统服装洋溢着浓浓的写意韵致。电影《早春二月》中的服装与中国绘画一样，注重舍形取神的意境，追求画面的空灵意趣，取象比类的"取"和"比"宛如中国画上的空白，电影中的服装素雅清幽的神韵在自然中显露出完全不同于西方服装的浓装艳丽、人体毕显，完全远离了情色诱惑，它的平淡无奇避开了紧身衣所传递的情欲的炫耀，女主人翁在诗意的画面中隐藏起她的美丽服饰，让人回味无穷。《早春二月》在表现人物性格，展现江南风土人情时，因服装的巧妙平衡，使画面具有整体的艺术性。

总的来说，20世纪90年代以前中国电影的服装是传统、保守，甚至是封闭不开放的。随着改革开放的步伐加快，中外电影的交流日趋增多，中国电影在展现本民族服饰时更加自信，也更多地吸取了西方文化的元素。张艺谋在电影《满城尽带黄金甲》中，对中国民族传统服装进行改良，大胆地展示了西方人所司空见惯的肉体"暴露"。电影服装完全摆脱了历史的束缚，采用现代人的视野，使国人的欣赏习惯为之一惊，它藐视传统，践踏规范，让时尚左右设计，他突破传统的、风俗的、伦理的限制，在中国电影"智"和"善"的哲学、文化背景中，面对日益开放的国人展现服装款式的惊人变化，使他再一次站在了中国电影的风口浪尖上。人们在不断思考：如果中国电影随波逐流、完全西化，则没有传统而言；如果抱残守缺，则很难融入世界，其实这也正是中国电影服装设计的困境所在。

本来中外电影服饰文化的观念南辕北辙，然而如今二者之间的融合却是与日俱增。一方面是中国人的服装设计潮流与世界接轨，流行色的发布，时装表演与比赛的频繁，信息、传媒、图像的发达，中国服装与世界服装的时尚同步发展，几乎已经没有时间差。中国电影的服装设计，在保留传统的基础上，对旗袍等服装国粹加以改良，大胆吸收西方女装观念，不断加入现代的元素，拓宽了显示女性性感的特征。电影《花样年华》中张曼玉所穿的几十种旗袍，其式样不断翻新、改良，结果不外乎是收紧腰身、缩短长度、提高开衩、出现无袖、取消领子、开放胸口，让身体更多的部分显现，充分展示人体曲线美。服饰的中西合璧，使得中国电影走向世界，风靡全球，完成了中西传统服装在新的历史条件下的对接与磨合，也体现了世纪之交的电影服饰的时代特点。

总之，中国电影和西方电影服装的设计理念有着差异，但相互影响，尤其是西方电影对中国的影响是不容置疑的。东西方电影通过各自不同的服装来表达自己民族的传统与文化，它们的差异既是距离，也是美感。

第三节 中西古代建筑中的文化差异分析

建筑是建筑物与构筑物的总称，是人们为了满足社会生活需要，利用所掌握的物质技术手段，并运用一定的科学规律、风水理念和美学法则创造的人工环境。建筑的对象大到包括区域规划、城市规划、景观设计等综合的环境设计构筑和社区形成前的相关营造过程，小到室内的家具、小物件等的制作。而其通常的对象为一定场地内的单位。

中西方建筑形式上的差别，是文化差别的表现，它反映了物质和自然环境的差别、社会结构形态的差别、人的思维方法的差别以及审美境界的差别。从文化形成的过程来看，建筑是多种矛盾的综合体，主要表现在两个方面：一方面，建筑是历代文化的积累和延续，它是一种凝固了的文化，是能够让当代的人亲眼看到、长期保存的一种文化状态；另一方面，建筑是一种超前的文化，它要求建筑师要有预见性，有超前的眼光，各种具体的规划设计都要留有余地，不是说改就能改的，如果缺乏远见会造成严重后果。本节将从建筑材料、建筑色彩、建筑空间布局、建筑造型四个方面浅析中西方建筑的异同，从而看出中西方的文化差异，并运用马克思主义唯物史观分析其原因。

一 中西建筑的差异

首先是建筑材料方面。这也是中西方传统建筑中的最根本的不同之处，传统的西方建筑长期以石头为主体，而传统的东方建筑则一直是以木头为构架的。建筑材料的不同，为其各自的建筑艺术提供了不同的可能性。

在现代建筑未产生之前，世界上所有已经发展成熟的建筑体系中，以欧洲建筑为代表，也包括属于东方建筑的印度建筑在内，基本上都是以砖石为主要建筑材料来营造的，属于砖石结构系统。诸如埃及的金字塔，古希腊的神庙，古罗马的斗兽场、输水道，中世纪欧洲的教堂，等等。在传统的西方建筑中我们随处可见石柱、石顶，这些用石头建成的建筑物给人更多的是一种厚重感。而我国古典建筑是以木材来做房屋的主要构架，房子的立柱，房梁都以木材为主，属于木结构系统。

其次是建筑色彩方面的差异。中国传统建筑的色彩非常丰富，有的色调鲜明、对比强烈，如宫殿、寺庙中的建筑物，红墙黄瓦，衬托着绿树蓝天，再加上檐下的金碧彩画使得整个建筑物显得十分绚丽，在中国传统建筑中琉璃瓦和彩画的运用极其重要。但是，也有一些色调和谐、淳朴淡雅的传统建筑，如江南的民居和一些园林，以洁白的粉墙、青灰瓦顶掩映在丛林翠竹、青山绿水之间，显得清新秀丽。总的来说中国以一种色彩为主，其他几种颜色并用。西方则是极其丰富，不同时代以不同的色彩为装饰的主色调，但没有一个单一的色调贯穿始终，对比也不是非常强烈。

再次是建筑空间布局方面的差异。从建筑的空间布局来看，中国建筑力图在横向空间中发展，而西方建筑则力图在纵向空间中发展。中国建筑是封闭的群体的空间格局，在地面平面铺开，无论何种建筑，从住宅到宫殿，几乎都是一个格局，类似于"四合院"模式。因而中国建筑的美是一种"集体"的美。与中国相反，西方建筑是开放的单体的空间格局，向高空发展。以相近年代建造、扩建的北京故宫和巴黎卢浮宫作比较，前者是由数以千计的单个房屋组成的波澜壮阔、气势恢弘的建筑群体，围绕轴线形成一系列院落，平面铺展异常庞大；后者则采用"体量"的向上扩展和垂直叠加，由巨大而富于变化的形体形成巍然耸立、雄伟壮观的整体。而且从古希腊、古罗马的城邦开始，就广泛地使用柱廊、门窗，增加信息交流及透明度，以外部空间来包围建筑，突出建筑的实体形象。

最后是在建筑造型方面的差异。中国传统造型特别强调"线型美"，讲究线条的婉转流动，中国的梁、柱、屋檐等都能表现"线"的艺术感染力，如"飞檐"和"斗拱"。在檐口处设置"飞檐"和"斗拱"是结构上的另一大特点。"飞檐"是中国传统建筑的檐部形式之一，就是屋角的屋檐向上翘起，常被称为飞檐翘角，通过檐部上翘的这种特殊处理和创造，不但扩大了采光面、有利于排泄雨水，而且增添了建筑物向上的动感。"斗拱"，是我国木结构建筑中的支承构件，在立柱和横梁交接处，它起到了承上启下以及一定的抗震作用。追求意境和重伦理的思想在中国古建筑中体现得非常明显，在建筑造型时往往把其社会内容和象征意义放在显要突出的位置，同时还注重实用性。西方传统造型强调"形式美"，发源于希腊的古典主义美学思想，认为美在物体的形式，我们从古希腊的建筑中感受到一种对形式美的强烈追求。如仿男体的多立克柱式强壮雄伟，仿女体的艾奥立柱式柔和端庄。

二　中西方建筑差异的成因分析

中西建筑形式上的差别，是文化差别的表现，它反映了物质和自然环境的差别、社会结构形态的差别、人的思维方法的差别以及审美境界的差别。

（一）地理环境原因

地理环境对中西建筑风格的影响主要表现在：

第一，中国传统（古典）建筑是以木构框架为结构主体，带有繁复屋顶形式的群体建筑。中国人选择木结构建筑的原因在于：第一，古代中原林木很多，便于就地取材；第二，中原地区适合建筑需要的石材相对较为难觅，且搬运不便；第三，受文化观念的影响，除陵墓建筑外，中国古人并不刻意追求建筑的永恒。在传统（古典）建筑结构形式上，西方与我国有显著的区别：中国传统（古典）建筑多土木结构，梁架承重；西方传统（古典）建筑多石质结构，墙柱承重。由于西方（古希腊、古罗马）自然环境特点（多裸露的山石，缺少树木），特别是山石地质因素，西方传统（古典）建筑体现出以石为本的风格，即主要采用冷而硬、厚而沉、庞而大的石块，以追求一种高大、强大、神秘、威严、震慑效果，体现一种弃绝尘寰的宗教出世精神。

第二，精神现象总是与空间意识紧密联系的，大多数学者认为西方文化浓厚的空间意识，与其最早发源地的自然地理背景有关。作为西方文化重要发祥地的古希腊，代表了地中海文明的灿烂辉煌。浩瀚的地中海上散布着众多岛屿，互不连续，互相分立，其农耕混合制经济与渔业活动使生活在这里的西方民族对地理方位、空间布局的感受较强，极容易产生强烈的空间感受。古希腊众多的岛屿相对隔离，无形中孕育了古希腊民族的空间观念，积淀了其"纯空间"的潜意识。多变的地形，客观上在西方人观念上造成了"空间是可以被限定的、有限的"思维定式与认识模式。而生活在农耕地理环境的东方人，在平缓绵延的冲积平原上，日出而作，日落而息，生活很有规律，劳作相当有序，过着日复一日、年复一年的循环往复的田园生活。其单一农耕型的经济结构，对四季变化依赖较大，人们容易产生强烈的时间意识。

这种不同的时空观自然影响到建筑风格的差异，中国传统（古典）建筑文化偏重于建筑群体的时间因素，西方传统（古典）建筑文化则强调建筑单体的空间因素。由于东方各民族多生息于大河流域，生活环境比较优越且相对稳定，生存环境又处于同外部世界相对隔绝状态，因此东方民族多养成清静淡泊、自然无为、温顺好养、追求和谐等文化特点。西方民族生活的地理环境较差，且生活方式不稳定，时常要与自然抗争，与外敌斗争，故形成拼搏、竞争、重实、求真等文化特点。同时，东方民族生活的地理环境属于季风气候，雨热同季，大河冲积平原土壤肥沃疏松，灌溉便利，光热水土诸多自然因子组合良好，农耕生活节奏稳定而有序，遂产生"天人合一""中庸"等思想。而希腊等地中海地区与欧洲民族的生活环境却大不相同，气候属夏干冬雨的地中海式气候，土地贫瘠，光热水土自然因子组合不协调（西欧的自然因子亦欠协调），加之海上生活常常与狂风恶浪搏斗，故产生"天人相分""人定胜天"等思想。这种文化观念反映在建筑风格上，中国传统建筑比西方传统建筑更加注重与自然环境的和谐，风格上也相对平和、含蓄一些。

（二）文化观念原因

中西建筑文化的差异除了受地理环境原因的影响外，更重要的原因是受到文化观念特别是时空观念、宗教文化观念、政治文化观念的影响。

1. 时空观念的影响分析

在建筑学领域，大多数学者认为，建筑时空观是人们规划设计、观览游历建筑单体和群体组合时对建筑设计布局及其周边环境的整体感悟。时间和空间虽然密不可分，但由于地域和民族传统文化背景的差异，中西建筑文化对二者的取向又各有倾向，西方建筑文化强调建筑单体的空间观念，中国建筑文化则偏爱建筑群体的时间意识。古希腊文明起源于海洋岛屿之间的交往，每座岛屿的孤绝无依，面对空间分割的地理景观，使希腊人很早就产生了强烈的空间意识感受。这种意识表现在对外部世界的科学认识和描述上，便是世界的存在是物质，物质又由原子组成，原子之间则相互独立存在，这种存在表现出鲜明的空间特点。随着时间的推移，这种意识不断地得到强化和证明，西方文化也就沿着这一途径，创立了其科学观与文化观。空间的特点是永远的"多"，而不是"一"；永远的差异性、有限性，而不是统一性、无限性。西方科学的基石和手段实际上都是建构在这种空间特点上的。西方自然科学的这种认识，深刻地影响了西方哲学及各种文化，使之显示出其空间思路的思维定式，并影响到各种具体的文化现象，其中包括西方建筑的文化现象。

中华民族有近六千年悠久的历史，民族传统文化底蕴深厚、内容丰富。有以阴阳学说为主体、天人合一的道教思想；有以礼仪、中庸为主体的儒家学说；有强调轮回、因果辩证关系的佛教思想；还有生产实践和地域因素形成的民间文化和民俗文化。这些传统文化无不一再地渲染中国建筑的时间观念。

正因为有这种时间观念，于是在有限的生命形式中追求无限的生命价值，在个体生命的有限过程中追求群体生命的无限延续。从而尊祖、重嗣，形成了以"孝"为中心的宗法家庭观念，以传宗接代、群体生命的绵延不断而在时间上获得个体生命的不朽。在精神上，则提倡积极"入世"，讲究道德文章，以垂训于后代而万世流芳，极力追求精神生命的超越与无限。儒家学说如此执着地苦苦追求人生之无涯，证明了其首先从时间哲学角度思考人生问题的重要倾向。佛家思想具有因果轮回的时间意识。中国佛教认为，宇宙本为时空概念的组合，众生、万物都是无始无终的生命大海中的现实。而现实中的一切存在，都是因缘和合，流迁不息的。过去的积累是因，现在的是果；现在的积累为因，将来的为果，因果重重，相续无尽。上溯过去无始，下推未来无终。一切现象的生起，都是由各种现象相互关联所造成的，然后经过生、住、异、灭四个阶段，又孕育了新生命的开始。佛教这种轮回的时空观，实际上是将自然界万事万物的发展变化都纳入了循环往复的时间序列之中，可见其所强调的也是时间意识。

中国民间与民俗文化更具有浓厚的时间文化意识。日出而作、日落而息的劳动人民在长期的生产生活实践中通过俗话、俗语、常言等表达方式凝练了中华民族的时间观念。如一日不见如隔三秋；一日夫妻百日恩；一日为师，终身为父；一年之计在于春，一日之计在于晨，一生之计在于勤；一寸光阴一寸金，寸金难买寸光阴；又如先入为主、先到为君、长幼有序的民俗习惯和思维方式。这些都是中国人时间观念的体现。概而言之，中华文化思维对时间充满了偏爱。尽管在人们的传统宇宙观与人生观中不是没有深沉的空间意识，其宇宙观本身就包蕴时空两个层面及两者的相互转化；尽管中华古人在观念上构建其宇宙观时不会无视与抹杀空间的存在，但中华民族更偏重于对空间之延续性，即时间而不是对空间存在本身的思考。中华传统文化的时间观深刻地体现在中国的建筑文化中。

2. 宗教文化观念的影响分析

中国是一个宗教文化观念比较淡薄的国家，宗教的入世观念、功利色彩比较浓厚，宗教文化对建筑的影响不大。如最早的佛寺是在官府的基础上建的，因此与封建社会时期的其他建筑在形式上没有什么区别。中国的宗教建筑或是采用官式建筑的尺度模式，或是采用民间建筑的特点，"神化""出世"特点不突出。中国佛塔也是世俗楼阁的仿造。因此，有人说"寺庙是世间衙署的翻版""红尘世界的倒影"。中国宗教建筑体现了"以人为中心的文化观念"与"实践理性精神"。而西方宗教建筑则刻意体现"宗教神灵精神"和"出世"思想。如中世纪建筑中哥特式风格的基督教堂，以高耸的尖塔，超人的尺度，光怪的装饰，反映了西方人征服自然、向往天国的文化观念，直刺苍穹的尖顶，也表现了人们崇拜上帝的宗教热忱（把目光引向天空、向往天国、忘却现实）和对尘世幸福的渴望。建筑师们旨在歌颂崇高美、灵魂美、宗教美、最终极的美。

3. 政治文化观念的影响分析

我国古代城市的布局，各类建筑的体量和形式大都方整划一、主从分明、轴线贯通、秩序井然，而且从北到南、从东到西，千百年保持着统一的风格，基本形式没有大的变化。这种现象深刻地反映了中国封建政治文化的基本特点，即国家统一、皇权至上、等级森严、典章完备，生产与生活方式变化幅度很小，思想意识的传统性很强（大一统观念），突出地刻画了封建社会的伦理秩序观念和人们的生活节奏。中国古代传统政治思想对古建筑的影响极大，这主要表现在我国传统（古典）建筑在文化上具有三大特点：第一，以大称威。万里长城、北京故宫、承德避暑山庄、阿房宫等无一不是以大称威的杰作。第二,以中为尊。如周都选址上要"择天下之中而立国(都)",在都城规划上,要"择国之中而立宫",建筑群的主要建筑应建在中轴线上。第三,礼制至上。即建筑具有十分森严的等级制度观念,这从屋顶形式、台基高低、面阔间数等方面可见差别。

而欧洲的古希腊建筑具有亲切明快的风格,城市布局呈同心放射状,并普遍建有面积较大的广场,反映了西方社会民主的开朗的生活;古罗马建筑雄伟、敦实、豪华的风格,则是奴隶主骄奢淫逸的生活写照(如凯旋门、斗兽场等)。我国建筑大师梁思成曾经这样说:建筑是一面镜子,它忠实地反映着一定社会的政治、经济、思想、文化。无论是欣赏中国传统(古典)建筑,还是西方传统(古典)建筑,都应该注意从传统政治文化上去仔细体会和把握。中国传统政治文化强调统一性,忽视差异性;强调群体,忽视个体。西方则与之相反。这些都在建筑文化中有所反映。

综上所述,正是由于文化的起源不同,而引起了不同的建筑文化理念、审美、形式;中西古建筑各具特色,分别给人们带来了不同的生活模式、不同的心理观念、不同的审美享受。而在近现代,随着社会生产力的发展,科学技术的进步,出现了一些新型的建筑材料,比如水泥,钢筋等,并且随着国家的开放和人们思想的进步,中西方的建筑风格已经不仅仅局限在本国的特色之中,全球化的影响也体现在建筑方面。在现代城市中不论是在东方还是在西方,我们随处可见极其相似的用钢筋水泥建造的一栋栋高楼大厦,而一些具有本国特色的古建筑为了给这些摩天大楼腾地方而渐渐消失。有时在大城市中我们已经很难找到属于这座城市特有的古建筑。笔者认为在近代的中西文化碰撞中,我们需要对自己的文化进行反思,继承传统文化优良的一面和西方文化的积极因素,不仅需要重塑属于我们自己的建筑理念,树立有本国特色的新风格,同时也需要注意对古建筑的保护。我们应继续加强各种文化间的交流,同时要保护好自己的民族和地域文化,坚持优势互补的原则,维护文化的多样性,有效避免文化的趋同性,才能实现文化的可持续发展。

第四节　中西旅游文化差异与分析

"背包客"是一个兴起于西方逐渐被东方也喜爱和接受的词,特指那些背起包就出发旅游的人们。可见旅游是一项全世界人民都喜欢和热衷的活动,而中西方的旅游因其兴起起点和发展过程的不同,也存在很多差异,本节试从唯物史观的角度对比中西旅游文化的不同及其原因。

一　中西旅游文化的不同

由于中西方文化的差异,中西方的旅游文化也存在诸多不同,主要体现在以下几个方面:

(一)旅游动机不同

在西方国家,旅行和度假被认为是生活中最重要的部分,人们一旦手上有了足够的钱,就会毫不犹豫地出门旅游或度假。至于工作,只不过是度假的准备阶段。在中国,由于经济和传统观念的影响,人们一般认为旅游消费并不是日常生活的一项必要支出。只有在拥有足够的钱、时间的情况下,人们才会考虑去旅游。比方说,中国人很少说"我们全家度假去",往往说"我们全家旅游去";而西方人常说"我们全家休假去",很少说"我们全家旅游去"。可见西方人工作是为了旅游,强调的是"休闲"。中国人旅游是为了更好地工作,强调的是"游玩"。

(二)旅游目的地选择不同

西方旅游者,极富冒险精神,对外面的世界充满向往,喜欢选择人迹罕至、具有挑战性的旅游目的地。他们喜欢去那些自己不了解的地方和国家,率先到来,感受新鲜,体验刺激。凡是极具特色或个性突出的目的地往往会成为西方旅游者选择的对象。所以西方旅游者喜欢自己开车到荒山野地去野营、钓鱼、打猎、采集、攀登,以天地为家,与野兽为伴,或者到海边去晒太阳、打球、游泳、冲浪、驾船等。探险、运动常伴随着他们的旅行。

中国人旅游目的地的选择主要集中在内陆地区,即使出海,也是沿着海岸线航行,以便可以随时靠岸登上陆地。他们喜欢一些较为平和或静谧的景观,尤其是与自己文化有相似性的国家和地区,在旅途中更多寻求的是文化的共同性。而且中国人具有较强的群体观念，有一定从众心理，在选择旅游目的地时容易听从他人的意见，受社会流行观念的影响。因此，中国旅游者都喜欢去些名山大川，从而使得一些知名度较高的旅游地在旺季期间人满为患，而一些风景优美、不知名的旅游地却很少有人问津。

（三）旅游行为不同

西方人崇尚对外探索，喜欢探险旅游，性格外向，举止和生活方式上喜欢表现自我，所以他们喜欢自己决定行程和路线，讨厌别人的操作和安排，他们往往把旅行中的困难看作是旅行的一部分，出游方式多是自助游，团体包价游所占的比重较小。他们喜欢通过个人电脑查询有关资料，选择自己感兴趣的旅游目的地。为了尽情享受属于自己的时间和空间，西方旅游者单独外出度假的情况相当普遍。而中国人提倡适度旅游，反对过于张扬和冒险，对于故土有一种执着的认同感，不易融入异乡社会，在穿着、举止、生活方式，甚至思想上都要符合"集体"的准则。出国旅游和长距离旅游中多喜欢组团旅游，近程和假日旅游则往往选择全家游或亲友同游的方式，以便相互照顾，获得安全感，个人单独外出旅游的情况比较少。

中西方的旅游差异还体现在旅游者如何对待标志性景点。去纽约不到自由女神像，去埃及不到金字塔，去荷兰不看大风车，对于中国人来说等于没到过那些地方，而西方人对此却并不看重。大多数老外出门都要带一本厚厚的旅游介绍书籍。相比之下，大多数中国人旅游喜欢蜻蜓点水，而且"上车睡觉，下车拍照，定点尿尿，举旗报到"成为一种常态。旅游过程中的拍照，也最能体现中西旅游者的差异。中国旅游者喜欢把自己和景物合照，以示自己曾经去过某地方，即使景点没充足时间细细游览，照片是一定要拍的，如果没有把自己拍进去就会感觉是种浪费，所以在绝大多数旅游者家中的影集里，都有这种"到此一游"的照片；而西方旅游者在旅游的过程中什么都拍，照片上什么都有，就是没有自己。

（四）旅游习俗不同

中西方各自独特的文化规约和风俗习惯在旅游各个环节上体现了不同的旅游习俗。比如中国人吃饭用筷子，西方人用刀叉。中国人外出旅游不喜欢住带"4"的楼层和房间，因其与"死"谐音，喜欢"8"，因其与"发"谐音；而西方人则忌讳"13"，在出游时也会有意地回避带这个数字的东西。这是源于《圣经》"最后的晚餐"中出卖基督的是其第13个徒弟。在宴席中中国人讲究劝酒，而这在西方人看来则是无礼之举。类似这样不同的旅游习俗比比皆是。

同时，西方人的隐私观念很强。他们在交往时不喜欢别人插手自己的事情，西方人普遍抱怨中国旅店的工作人员就像英语国家医院的工作人员一样，把旅客当作住院的病人一样对待，服务人员随便出入客人房间，旅客不能得到独处的保证。而在英语国家，旅店住房是客人的临时领地，服务员不经允许无权进入室内。在言语交谈中，中国的东道主对西方游客的关心可能会被认为是冒犯个人隐私，招致反感。中国人攀谈起来，相互问年龄、工作、结婚没有，甚至收入多少，十分自然。而这些问题被西方人称为"护照申请表格式的问题"，令人讨厌。中国人往往喜欢对别人进行劝告和建议，并使用"要、不要、应该、不应该"等。如导游对游客提一些建议，劝告"别喝太多了""多穿点衣服"等。这类关心，中国人听了心里暖乎乎的，可西方人看来，有干涉个人自由之嫌。

（五）旅游途中消费观念不同

在中国这样一个"礼仪之邦"，并强调"孝""忠"的国度里，人们往往体现出集体主义价值观。因此中国消费者在购买旅游产品时，更多关注的是外部的社会性的需求而非内在自我的需要，着眼于通过拥有和消费某种旅游产品来使自己从属于某个特定等级的社会群体，并与属于其他群体的人相互区分开来，追求个人向经济社会等级靠拢。中国消费者对一些旅游产品的追捧更多的是为了面子、身份和阶层标志，因此，在外出旅游消费的过程中，人们从众心理起很大作用。

对于西方国家来说，个人主义价值观占据主导地位，人们之间实行的是各自的价值，体现的是每个人的个体力量，在他们的头脑中有着独立自我的概念。这种独立自我的概念使得西方旅游者在消费时偏爱"体验驱动型消费"，他们追求更多的是在旅游消费过程中品味精致、享受欢乐、体验生活、完善自我。

（六）旅游审美情趣不同

从某种意义上来说，审美分为精神性体验和物质性体验。据此，旅游审美亦可分为精神性体验文化和物质性体验文化。前者一般是指诗歌、散文、小说等文学因素；后者是指自然山水、园林、建筑、工艺等因素。因地理环境和文化背景等客观因素以及主观因素，包括生活阅历、人生观、世界观、性格等的差异，对于同一旅游景观，中西方的旅游者往往会产生不同的审美体验。

从美学史上看，西方的美学思想发源于古希腊，而其中重要的几个早期代表人物毕达哥拉斯、德谟克里特、赫拉克里特都是自然科学家，研究数学、天文学、物理学，所以，他们主要是从自然科学的观点来看美学问题，去解释艺术。他们认为数学原则支配着宇宙的一切现象，凡事之间都存在着一定的数字比例，他们认为和谐是美，对立差异也是美，这些观点都带有明显的科学性。因此，他们在对待自然的态度上，有着"天人分离"的价值观。他们的头脑中充满了理性思维，他们的观念是：风景就是风景、建筑就是建筑、人就是人，三者是分离的。西方人讲究玩是玩、游是游、学是学、识是识，因而西方旅游者是孤立地观察、思考、研究自然本身，并不要求相互融合、渗透，共同在旅游中发挥作用。

由于多年来中国人根深蒂固的农业耕种文化所形成的习惯，和生产劳动实践所产生的人们浅层审美意识和原始艺术，中国的旅游审美文化是一种强调发现自然本质的艺术。中国美学的总体精神，主要贯穿于"天人合一"的基本概念之中。总的来说，中国旅游文化中的审美总是将物质性体验和精神性体验结合起来，在对旅游景观进行欣赏时，中国人会把美景跟文章、诗词联系起来一起品味。这充分体现了中国人的"天人合一"的审美价值观。在旅游审美的过程中，中国人倾向于在自己情感世界里或在对外物的观看中使其有限的生命之流与无限的宇宙大化之流相互交融，进而得到充盈和升华。中国游客"观山则情满于山，观海则情溢于海"，重视人与自然的亲密无间，在中国欣赏旅游景观，尤其是人文景观，需要游览者具有综合文化修养，知晓琴棋书画，了解掌握历史、地理等相关知识，懂得词曲游记，才能真正游出水平，领悟各式各样的美。

二　从唯物史观角度看原因

中西方旅游文化有如此多的差异和不同，那么是什么原因造成了这些不同呢？唯物史观告诉我们，社会存在决定社会意识，社会意识是对社会存在的反映，社会意识具有相对独立性。文化的差异最初都是来自于对自然世界认识的差异，自然地理条件决定了各民族、各地区文化发展的最初方向。追根溯源，中国文化是发源于黄河流域的农业文明。地理形势是"内陆外海"的相对封闭的地理环境，北面是西伯利亚荒原，东南面是浩瀚的大海，西边是阿尔泰山及沙漠戈壁，西南处是喜马拉雅山。三面高原一面海的相对闭塞的地域特点使得古代中国文化基本上与外隔绝，但这也为农业文明的发育提供了条件，并以此为基础形成了以小农经济为主体的经济形态。同时，自给自足的自然经济使得中国人赞成尽物之性、顺物之情，把人们牢牢地束缚在土地上。而农业社会的稳定，家人亲友的长期聚居，使得中国人自古将惜别看得非常重。这让中华民族在思想情感上表现为喜一不喜多、喜同不喜异、喜静不喜动、喜稳不喜变。

　　西方文化的发源地，是位于地中海北岸的古希腊，古希腊的地理环境在一定程度上也造就了后来的西方文化。西部岩石林立、满目荒凉、交通不便，而在东部则有世界上最为发达的海岸线，有许多天然港湾依傍着东地中海海域的爱琴海。古希腊特有的地理环境决定了古希腊文化是以海洋为依托的，其所处的海洋环境培养了西方民族原始的冒险的民族性格。

　　因此，从整个古代社会和文化现象看，西方都是以个人为起点，向外开拓，不断地自我追求、自我拓展，同时也自我革新，而中国因封闭式、自我满足式的农业社会，表现出强烈的对乡土的眷念，对安谧生活的向往。

　　从唯物史观角度出发，中西方社会环境的不同也极大影响了旅游文化。中国几千年封建社会的发展中，战乱不止、动荡不息，但超稳定的农业生产方式、社会组织形式、宗法伦理观念，始终维系着中华民族的传统和生存。中央集权的政治制度、以血缘纽带为基础的宗法制度使得老百姓产生了喜静厌动以及重乡土、重血缘的社会心理，而以孝为核心的伦理观念又限制了中国人的外出探求行为。孔子就曾指出"父母在，不远游，游必有方"。而西方民族由于山地面积大，平原面积有限，他们只能通过海上贸易换回自己所需的粮食等日用必需品，海上商贸成为了西方人重要的经济活动。这促进了西方人进取冒险民族性格的形成，而古希腊的民主政治制度使得民主观念、法治意识成为了社会全体成员所达成的共识。他们认为人人能力相等、地位平等、行为自由、人与人之间更多地体现了一种独立的性格。在这样的政治背景下，国民的精神被极大地调动起来，形成了开放积极、冒险勇进的民族精神。

正是在中西两种不同文化的背景下，孕育出了不同的旅游文化。这也就是为什么中西方旅游者会选择不同的旅游目的地，在旅游活动中表现出行为千差万别的原因。

通过唯物史观，我们还知道生产力决定生产关系。正是因为西方国家率先进行了工业革命，进入发达国家的行列，西方人民物质生活较为富足，所以，他们会追求精神生活的充实，拥有较高的旅游动机。同时，他们在旅游活动中也有相应的消费能力。而中国毕竟属于发展中国家，中国人民曾经一度在为了达到小康社会，实现人民生活水平极大提高，实现共同富裕而努力，并无暇顾及旅游，外出旅游甚至被视为"奢侈消费"活动。但随着近些年综合国力的增强，我国人民生活不断富足充实，不论是国内旅游还是境外旅游，都已经越来越受到人们的青睐。

由此可见，中西旅游文化存在诸多差异，体现在旅游动机、旅游目的地的选择，以及旅游中的行为和习俗等各个方面，而唯物史观为我们研究其不同和原因提供了方向。只有充分了解了中西旅游文化的不同和缘由，才能使我们在旅游中更好地入乡随俗，最大程度地体验旅行游玩的乐趣。

第五节　中西婚姻家庭观差异分析

德国哲学家康德在其著作《法的形而上学原理——权利的科学》一书中写道："婚姻是两个不同性别的人，为了终身相互占有对方的性官能而产生的结合体。"他主要从人的"两性间的自然关系"和"民事契约"角度定义了"婚姻的目的"，即"一男一女愿意按照他们的性别特点"，"依据法律""终身相互占有对方的性官能"并"相互利用对方的性官能""相互地去享受欢乐"。康德的"契约论"思想遭到了黑格尔的批评。黑格尔在其论著《法哲学原理》一书中认为："婚姻实质上是伦理关系。"黑格尔强调在婚姻中实现一个"统一体",男女双方在其中获得"实体性的自我意识"和"自我意识的爱",完全是从精神层面而言的。有了这种精神层面的要求,那么,人在"客观使命和伦理上的义务就在于缔结婚姻"。

从一个简单的婚姻定义,我们可以看到中西传统婚姻文化的不同。中国人把传宗接代作为婚姻的首要目的,而西方人把性以及男女双方精神层面的契合作为婚姻的首要目的。中国人认为婚姻是一种礼仪秩序,西方人则认为婚姻是一种法律契约。中国人的婚姻观念是家族观念、传宗接代的观念、多子多福的观念,而西方人的婚姻观念是性的观念、个人幸福的观念。中国人重视的家庭关系是父子关系,这是一种宗族关系,是一种权威和服从的关系,而西方人重视的家庭关系是夫妻关系,这是一种性的关系,是一种平等的伙伴关系。中国人在婚姻中强调的是个人的责任和义务,西方人在婚姻中强调的是个人的权利和幸福。中国人在传统婚姻文化中重视的是社会要素和物质要素,而西方人在婚姻中重视的是自然要素和精神要素。西方婚礼中女儿出嫁由父亲挽手送出,象征着女儿脱离了父亲的照顾和管教,进入新的家庭开始新的生活。西方人认为,婚姻纯属私人的事,其他人包括双方父母和亲戚都不能干涉,而且婚姻不在道德范畴,两个人的结合是为了爱,那么分开就是因为不爱,没有太多道德和舆论的压力。与中国那种要求两个人百年好合的传统观念不同的是,他们认为强迫两个已经不相爱的人生活在一起是一种罪过。西方的婚姻主要建立在信任的基础上,西方人认为:一个人有权选择和他(她)最喜欢的人生活在一起,一旦发现现有的婚姻是一个错误,他(她)有权作第二次选择。

中国的婚姻讲求一定的社会规范,结婚、离婚都不可自作主张,在中国人的传统观念中,人们的姻缘是命中注定的。而注定这一姻缘的圣者,便是一位鹤发童颜,手持红线的老翁——"月下老人",正所谓"千里姻缘一线牵"。俗话说"十世修来同船渡,百世修来共枕眠",能结百年之好,是两人百世才修来的缘分。宁拆一座庙,不毁一桩婚。自由恋爱在古代是遥不可及的。媒人必须是老成持重、德高望重、端庄稳健的老者,即使在现实生活中也不例外。比如父母之命,媒妁之言,门当户对,郎才女貌,这些妇孺皆知的话表明了媒人在传统婚姻制度中的重要角色，凡婚姻必须有媒人存在，"无媒不婚"。《诗经·豳（音 bīn）风·伐柯》有诗句："伐柯如之何？匪斧不克。娶妻如之何？匪媒不得。"译为白话文便是：没有斧头做不成斧柄，没有媒人讨不到老婆。在中国古代社会，"媒妁之言"是和"父母之命"相并重的婚姻条件之一，没有"媒妁"的婚姻是不能成立的。这一点不仅上升到礼的高度，而且被法律所规范。连后来的元、明、清时期的法律也有类似的规定。只有请媒妁出山，男婚女嫁才能合法化，如果婚姻自作主张，甚或自己托媒求亲，那就是"淫佚"，是非常可耻丑陋的事情，为人所不齿。

在西方的古希腊古罗马神话中媒人是一个小孩儿，背生双翅、手持弓箭，只要射中了哪对男女，哪对男女就能相爱。这反映出西方人的浪漫、自由、开放的婚恋情怀，体现了一种明显的西方文化色彩：宣扬个性、主张男女平等、提倡自由恋爱和追求自身幸福。欧洲的骑士在自己的冒险生活之外，往往还有一个异性的感情力量在支配着他的精神生活，这份情感力量正来自于高贵、静穆的贵族女子。骑士以自己的勇敢冒险去博得异性的爱慕，在他们眼中，女子在爱情方面具有不可企及的高贵品质，是无价之宝，值得骑士为之赴汤蹈火。骑士制伏恶龙、王子打败巫婆都是为了拯救美丽的公主。

对于前面的讨论，我们追根溯源，中国属于农耕文化、内陆文化，地大物博、气候多样、物产丰富，可以自给自足、对外不需要扩张；天、地、人讲求的是统一和谐的关系，只要风调雨顺，按自然节律办事，不难生存下去。与此相对的西欧是海洋文化，欧美大陆被大海所包围，多山多石，耕种不易，难以自给自足，必须对外扩张探索，讲求个性，人和人关系松散，靠契约来维持。

这样看来，中国传统婚姻文化强调的是社会礼俗和传宗接代，似乎并非出于自愿，而西方的婚姻可谓是两情相悦，追求的是自己的感受，是自己个性发展的结果，那么，是不是意味着西方的婚姻就比中国的幸福稳固呢？

前不久，一个法国人曾问笔者，你们这里有多少人结婚后又分开？我说：大约 30% 吧。他又说：我们那里是 70% 或 80%。你们以后也会像我们一样，这种情况越来越多。我一方面怀疑他这种说法的真实性，一方面也惊叹他们对离婚现象之坦然，离婚率再高也无所谓。坐在一旁的老同志终于坐不住了说：以后就不能嫁给你们外国人。法国如此，美国的离婚率如何呢？我们来看看官方公布的数字：the divorce rate in America for first marriage is 41%；the divorce rate in America for second marriage is 60%；the divorce rate in America for third marriage is 73%．据估计，首次婚姻离婚率大约为40%，二次婚姻离婚率为60%，三次婚姻离婚率为73%。这里我们不对离婚原因作探讨，只是为了说明人们不可以随便下结论说某一种文化模式下的婚姻观念就是完美无缺的。

西方离婚率如此之高，是不是意味着他们是以一种随便的态度对待婚姻呢？非也。在西方人眼里，爱就是爱，很简单，相信大家都听过《心雨》这首歌，歌曲中的两个主人翁藕断丝连，断了骨头连着筋。不清不楚，不明不白。如果每个新娘在"明天将成为别人的新娘"的时候，还可以"最后一次想你"，是一件让新郎无法接受的事，这样的婚姻将来该如何长久。中国会这么"开放"，让一些欧美人士相当吃惊。西方男人对婚姻和家庭更具有诚信。中国的"包二奶"是与西方的社会文明背道而驰的，家庭和社会竟纵容和允许这种行为，在西方社会这是不可思议的。他们认为，一旦不爱对方，宁可选择离婚，也要遵守诚信。

对于家庭成员的地位，东西方观念也有很大不同。古人爱说，女子无才便是德，旧道德规范认为妇女无须有才能，只需顺从丈夫就行。或者说女子即使有才能，但不应在丈夫面前显露，而是要表现得谦卑、柔顺，这才是女子的德行所在。古人又说，"三从四德"这是为适应父权制家庭稳定、维护父权—夫权家庭（族）利益的需要，是根据"内外有别""男尊女卑"的原则，由儒家礼教对妇女的一生在道德、行为、修养方面所进行的规范要求。三从是未嫁从父、既嫁从夫、夫死从子，四德是妇德、妇言、妇容、妇工（妇女的品德、辞令、仪态、女红）。

《大戴礼记·本命篇》载："妇人七出：不顺父母，为其逆德也；无子，为其绝世也；淫，为其乱族也；妒，为其乱家也；有恶疾，为其不可共粢盛（音 zī chéng）也；口多言，为其离亲也；盗窃，为其反义也。"宗法制社会重视纵向关系，不顺父母，等于反对封建家长制；无子，等于无法让家族延续；淫乱，等于破坏家族内部有序的人际关系，更无法保证大家族血统的纯正；妒，意味着女人凶悍嫉妒造成家庭不和，无法保证家族内部各部门间的正常运转；有恶疾，无形中为家族的正常运行平添了许多障碍；口多言，容易离间家族成员间的人际关系；盗窃，这里特指暗藏私房钱，这无形中又瓦解了大家族的经济实力。因此，"七出"之条，归根结底是统治阶级出于维护封建宗法制的需要，是针对妇女制定出来的法律条款。而且在传统宗法制社会中，男人有休妻的自由，而女人只能"嫁鸡随鸡，嫁狗随狗"，从一而终。她们一旦被抛弃，不仅生活无着落，还将受到社会的歧视。因此，"七出之条"既可以成为男人喜新厌旧、停妻另娶的借口，也是封建家族强化夫权，压迫妇女的一柄尚方宝剑。中国妇女向来处于被忽略的弱势地位，嫁汉嫁汉，穿衣吃饭，找个好的依靠，是传统上的夙愿。"男主外，女主内"也是被普遍接受的观点。丈夫是一家之主，是全家的顶梁柱，承担着家庭生活的主要经济责任；而妻子的任务是管理家务，侍奉公婆，相夫教子。西方人则认为婚姻中的男女应是一种平等的关系，妻子和丈夫均可在外谋职，共同承担家庭的经济责任。家中的大小事情均由夫妻二人共同商定完成，对于纷繁的家务琐事，夫妻也共同承担。如果去西方人家里做客，便不难发现，男士下厨房是常有的事，他们的烹调手艺可能比妻子还要好。对于照顾孩子的责任，双方也要共同分担，妻子无须为照顾孩子而放弃自己的职业，丈夫也须承担抚养、教育孩子的责任。正是由于西方人家庭的这种特征，不仅形成了家庭中人与人的平等关系，而且限制了家庭生活和家庭关系的范围，有利于家庭以外的社会制度和社会活动的发展。西方的非政府组织（NGO）较中国就相当发达，而在中国，这些社会职能都是由家庭内部承担的。

　　上述的差异只是中西婚姻家庭观的冰山一角，但他们的源头都如出一辙：有什么样的生产力就有什么样的生产关系，有什么样的地理环境就有什么样的人文情怀，有什么样的生存模式和生产模式就会造就什么样的思想观念。

第 十 章

中西社会风俗方面的差异比较

　　本章主要从中西方一些与日常生活关系比较密切的风俗习惯入手进行对比分析，其中包括节日文化、神话故事中体现出来的风俗人情、饮酒文化等。近几年来人们对国内某些地区盛行的一年一度的"狗肉荔枝节"高度关注，很多大牌明星纷纷亮明自己的反对立场，但是也挡不住传统的力量，狗照杀、狗肉照吃，其实对狗的尊重是中国改革开放以后受到西方文化"西风东渐"影响的结果。传统中国社会对狗的评价一直都不算高，本章还将对中西文化中对狗的认识差异进行分析。

第一节　中西传统节日文化观念差异分析

　　近年来，越来越多的国人关注并参与到西方节日的庆祝活动中去，如情人节、愚人节、圣诞节等。同时，我国的传统节日也受到了关注与保护，并流传到西方国家，如春节、中秋节等。通过对中西方传统节日的了解，从唯物史观角度对中西方传统节日文化进行对比，有利于我们更客观、更全面理解和掌握东西方文化的差异与交融。世界文化同世界一般斑斓多彩，不仅因为不同特性的国家、民族所具有的文化各具特色；同时也因为同一文化现象，若从不同的观察视角进行审视，看到的内容不同，得出的结论也各异。纵览古今中外，凡是有人类聚居的地方都有各自的风俗习惯，节日活动则是这种风俗习惯的集中体现和重要组成部分。节日是指一年中被赋予特殊社会文化意义并穿插于日常之间的日子，是人们丰富多彩生活的集中展现，是各地区、民族、国家的政治、经济、文化、宗教等的总结和延伸。反映民族文化最真实的一面正是每个民族的不同节日。可见每个民族的传统节日都包含着一个民族历史形成和沉淀下来的性格、心理、信仰、思维方式、道德情操、审美情趣，以及诸多民族文化深层结构内涵的价值取向，是民族精神在特定的社会土壤上长期孕育的结果和重要载体，是一个民族生存形态最突出、最具特色的展示。

本节将以马克思主义唯物史观为理论视角，对中西方传统节日文化进行论述介绍，试图从追溯中西方传统节日的起源及形成发展过程入手，充分对比了解中西文化传统节日的文化内涵和社会价值。

传统节日承载着深厚的文化内涵。正如民俗专家仲富兰所说："节日是人类社会生活的枢纽，是人类物质文明与精神文明的载体。日常的世俗生活因为有了热闹的节日，才构成中国老百姓完整的人生时间，使人生充满期待和愉悦。历经千百年岁月沧桑的传统节日，更是一个民族成熟文明的缩影。"① 春节、清明节、端午节、中秋节等每个中国传统节日都具有内在的文化含义，寄予着人们对生活的美好理想和祝愿，展现了中华民族优秀的文化内涵和价值取向。

春节俗称"过年"，因时在农历岁首，又称"岁"。古代的"年""岁"都与历法和农业生产有关。《汉书·武帝纪》载："太初元年（前104 年），……以正月为岁首。商代以夏历十二月为岁首，周代以夏历十月为岁首。"又，"年"即谷物成熟的意思。甲骨文中的"年"字是果实丰收的形象，金文中的"年"字也是谷穗成熟的样子。《春秋谷梁传·宣公十六年》载："五谷大熟，为大有年。"可见，"年"原来是预祝丰收喜庆的日子，也有"一元复始，万象更新"之意。具体而言，春节包括"除夕"与"元旦"两个组成部分，该夜的零时以前为除夕，之后为元旦。在古代，每当年节来临，人们都要举行腊祭祈年活动，这就是《后汉书》所说的："季冬之月，星回岁终，阴阳以交，劳农大享腊。"腊祭祈年，既为祭祀先祖、百神，祈望丰收，又使农民在农事之余得以休息和娱乐，以便迎接来年繁忙的农事活动，并在爆竹声中祈祷来年的丰收。人们生存形态必然影响到社会生活的方式与内容，这就使得中国传统生活类型的节日也大多依赖于生产性的岁时节令而产生。

---

① 仲富兰：《传统节日的传承之路》，《浙江日报》2008 年 2 月 4 日，第 11 版。

端午节是夏天的重要节日，时间为农历五月初五，其主要的节日食品是粽子。许多民俗学者认为，端午节起源于农事节气——夏至。而夏至标志着夏季的开始，常出现在农历的五月中。这一时期是农作物生长最旺盛的时期，也是杂草、病虫害最易滋长蔓延的时期，必须加强田间管理。农谚说："夏至棉田草，胜如毒蛇咬。"为了提醒人们重视夏至、管好田间，也为了祈求祖先保佑农作物丰收，早在商周时代，天子就在夏至日专门品尝当时主要的粮食黍米，并用它来祭祀祖先。《礼记·月令》言，仲夏之月"天子乃以雏尝黍，羞以含桃，先荐寝庙"。这一活动逐渐渗透、影响到民间并形成习俗，出现了"角黍"即粽子这一特殊食品，供人们在夏至祭祀和食用。由于端午节从夏至发展演变而来，于是"角黍"也成了端午节的节日食品。《太平御览》引晋周处《风土记》言："俗以菰叶裹黍米，以淳浓灰汁煮之令烂熟，于五月五日及夏至啖之。一名粽，一名角黍，盖取阴阳尚相裹未分散之时象也。"可见，端午节和粽子的产生与农事节气有密切联系。"端午节"最初似为南方古老的百越民族祭祀自己的图腾——龙的节日，后来将其与纪念爱国主义诗人屈原联系在一起，便蕴含了更深刻的将图腾崇拜与祖先崇拜有机结合的民族文化内涵。

中秋节是秋天的重要节日，时间为农历八月十五，因它处于孟秋、仲秋、季秋的中间而得名。其主要节日食品是月饼。然而，中秋节的形成及其与月饼之间产生的对应关系却经历了漫长的历史过程。秋天是收获的季节，五谷飘香，瓜果满园，人们怀着喜悦的心情收获这一切，同时对大自然产生了感激之情，而月亮既是大自然的杰出代表，又是中国人推算节气时令的重要依据，于是周朝就有了祭月、拜月活动。到隋唐时代，人们在祭月、拜月之际逐渐发现中秋的月亮最大、最圆、最亮，便开始赏月、玩月，形成了以赏月、庆丰收为主要习俗的中秋节。唐人欧阳詹《玩月诗序》言："八月于秋，季始孟终，十五于夜，又月之中。稽于天道，则寒暑均；取于月数，则蟾魄圆。……升东林，入西楼，肌骨与之疏凉，神气与之清冷。"在这个良辰美景、赏心悦目的节日里，讲究"民以食为天"的中国人自然不会忘记用美酒佳肴相伴。据史料记载，唐高祖李渊曾于中秋之夜设宴，与群臣赏月，并一起分享吐蕃商人进献的美食——一种有馅且表面刻着嫦娥奔月、玉兔捣药图案的圆形甜饼。

这饼也许就是后世"月饼"的始祖。到宋代，中秋节赏月宴非常盛行，而且宋人吴自牧《梦粱录》和周密《武林旧事》中有了"月饼"的称呼和品种，只是未与中秋节联系起来。月饼成为中秋节的主要节日食品大约在元明时代。相传元朝末年，朱元璋发动起义时，就将写有起义时间的纸条藏入月饼中，在互赠月饼时传递消息。这表明中秋吃月饼的习俗在元朝已很普及。明代田汝成《西湖游览志余》"熙朝乐事"载："八月十五谓之中秋，民间以月饼相遗，取团圆之义。"此后，月饼至少有两重意义：一是形如圆月，用以祭拜月神，表达对大自然的感激之情；二是饼为圆形，象征团圆，寄托人们对家庭团圆、生活幸福的祈求与渴望。所谓"每逢佳节倍思亲""但愿人长久，千里共婵娟"，这样的情感，在西方人传统的节日中，是难以体味的。

冬至节是冬天的重要节日，时间在农历十一月，没有固定的日期。其节日食品较多，主要有馄饨、羊肉、粉团等。冬至是农历二十四节气之一，冬至前后也是大量贮藏农作物及其他食物原料的重要时期。《月令七十二候集解》言："十一月中，终藏之气至此而极也。"至此，一年的农事忙碌即将或已经结束，五谷满仓，牛羊满圈，该是人们享受劳动成果的时候了。因此，人们十分看重这个日子。许多研究者认为，大约在汉代，冬至就已成为一个节日。魏晋以后，人们将冬至的庆贺规模扩大，使之仅次于春节过年，有些地方又有"亚岁"之称。冬至节是阴阳交替、阳气发生之时，食馄饨暗喻祖先开混沌而创天地之意，表达对祖先、对大自然的缅怀与感激之情。此外，羊肉也是冬至的节日食品，不仅是冬季的极佳滋补食品，而且寓意吉祥，表达对幸福生活的企盼。

恩格斯指出："最初的宗教表现是反映自然现象、季节更换等等的庆祝活动。一个部落或民族生活于其中的特定自然条件和自然产物，都被搬进了它的宗教里。"[①] 这些祭祀节日的形成和发展与中华民族作为一个具有悠久深厚的血缘宗法观念的民族，以及中国长期维持着一种立足于自然经济形态的农业社会密切相关。中国的主要传统节日都是由岁时节令转换而来的，具有浓厚的农业色彩，而西方传统节日的起源都带有浓厚的宗教色彩。在西方国家，宗教是文化和社会的中心。人们的思想可

---

① 《马克思恩格斯全集》第27卷，人民出版社1972年版，第63页。

以通过宗教来反映。与此同时，宗教通过人类对上帝或精神的信仰控制着他们。自从欧洲大陆被基督教文明浸染后，西方几乎所有影响最大的传统节日都与基督教有关，可以毫不夸张地说，宗教存在于各行各业。因此，节日与基督教有着密切的联系，在众多的西方节日里，与基督教有关的占了 38 个之多，在英语词汇中也有大量的与宗教有关的单词，可见，宗教对西方文化的影响非常之大。

西方国家和民族的传统节日亦有生产、生活及宗教三大类型，但由于社会经济形态产生了巨大的历史变迁，前两种类型的传统节日日益淡化，或逐渐消亡，而让位于宗教性节日。此外，西方文化的多元性，使得其残存的农牧业生产性传统节日大多仅仅具有地域性而非普适性的特征，并且局限于各地区的农村乡镇，或者某种农牧产品的生产地。敬奉土地和祈求丰收是古代从事农业生产的各民族的共同特点和传统习俗，在农业生产力尚不发达的自然经济社会时代尤其如此。

每年 12 月 25 日，是基督教创始人耶稣的诞辰，也是基督徒最盛大的节日——圣诞节，按基督教教义，耶稣是上帝之子，为拯救世人降临人世。所以圣诞节又称"耶稣圣诞瞻礼""主降生节"。公元 354 年，罗马帝国西部拉丁教会年历中首次写明 12 月 25 日为耶稣基督诞生日。圣诞节本来是基督教徒的节日，由于人们格外重视，它便成为一个全民性的节日，是西方国家一年中最盛大的节日，可以和新年相提并论，类似于我国过春节。

在欧美各国，复活节是仅次于圣诞节的重大节日。按《圣经·马太福音》的说法，耶稣基督在十字架上受刑死后三天复活，因而设立此节。根据西方教会的传统，在春分节（3 月 21 日）当日见到满月或过了春分见到第一个满月之后，遇到的第一个星期日即为复活节。东方教会则规定，如果满月恰好出现在第一个星期日当天，则复活节再推迟一周。因此，节期大致在 3 月 22 日至 4 月 25 日之间。典型的复活节礼物跟春天和再生有关系：鸡蛋、小鸡、小兔子、鲜花，特别是百合花是这一季节的象征。复活节前夕，孩子们为朋友和家人给鸡蛋着色打扮一番。这些蛋有的煮得很老，有的只是空空的蛋壳。复活节那天早上，孩子们会发现床前的复活节篮子里装满了巧克力彩蛋、复活节小兔子、有绒毛的小鸡及娃娃玩具等。据说复活节兔子会将彩蛋藏在室内或是草地里让孩子们去寻找。一年一度的美国白宫滚彩蛋活动经常被电视台实况转播。复活节也是向你所关怀的人送鲜花、盆景、胸花等的节日，许多去做礼拜的人这天也向教堂献上花束，成人们则往往互赠贺卡或小件礼品。传统上人们在复活节给孩子们送去活的小鸡、小鸭、小兔子等，但孩子们太小往往不能恰当地喂这些小动物，所以究竟送什么礼物你得认真考虑一番。

每逢 11 月第四个星期四，美国人民便迎来了自己最重要的传统民俗节日——感恩节。这个节日始于 1621 年秋天，远涉重洋来到美洲的英国移民，为了感谢上帝赐予的丰收，举行了三天的狂欢活动。从此，这一习俗就延续下来，并逐渐风行各地。1863 年，美国总统林肯正式宣布感恩节为国定假日。届时，家家团聚，举国同庆，其盛大、热烈的情形，不亚于中国人过春节。美国人从小就习惯独立生活，劳燕分飞，各奔东西。而在感恩节，他们总是力争从天南海北归来，一家人团团围坐在一起，大嚼美味火鸡，畅谈往事，这使人感到分外亲切、温暖。

唯物史观认为，社会存在是社会生活的物质方面。社会存在由自然地理环境、人口因素和生产方式等决定，而节日文化作为社会意识的一部分，其不同充分体现了各国不同的地理环境、人口因素特别是生产方式。追根溯源，中国文化是发源于黄河流域的农业文明。地理形势是"内陆外海"的相对封闭的地理环境，三面高原一面海的相对闭塞的地域特点使得古代中国文化基本上与外隔绝，但这同时也为农业文明的发育提供了条件，并以此为基础形成了以小农经济为特征的经济形态。因此，中国的主要传统节日都是由岁时节令转换而来的，具有浓厚的农业色彩。而西方的传统节日大多来源于基督教，带有浓厚的宗教色彩。中西方节日起源的不同反映了两者背后不同的文化：一种是农业文化；另一种是基督教文化。唯物史观认为，人们的生存形态影响社会生活的方式与内容。中国节日的起源及其发展，受到自给自足的自然经济强有力的限制，建立在传统农业社会之上的价值观以及思维方式决定了中国传统节日的基本风貌。这使得中国传统生活类型的节日也大多依生产性的岁时节令而产生。岁时节日充分体现了中国"天人合一"的哲学理念。综观完整而和谐的节日体系，大都以自然节气的规律性变化为依托，充分体现了以自然为取向，尊重自然并顺应自然物候的变化或者以物喻人进而引发对社会及人生的感怀。因此，中国传统节日文化带有鲜明的农业文化烙印，反映了农业社会的生产生活规律和农民古朴纯挚的心理要求，是农业文明的集中体现。

与中国传统节日相比，西方的传统节日都带有浓厚的宗教色彩。在西方，人类社会的早期节日活动也具有期盼丰收的性质。后来，由于基督教的兴起和普及，以及工业社会商品经济取代了农业经济，敬奉土地、祈求丰收的传统节日习俗逐渐被人们淡忘，取而代之的是各种宗教仪式衍生出来的节日。西方文化的发源地，是位于地中海北岸的古希腊，在古希腊人看来，人类的力量与海洋比较起来显得很渺小和脆弱，但是人类依靠自身所具有的勇敢、刚毅、伟大的斗争精神征服了大海，人类的气魄比海洋更伟大。因此，西方人侧重对"人性""自然"的推崇，热衷于挖掘个体的价值，追求自由主义、个人主义。西方的"人文主义"重视个体的价值，强调个人的权利与自由，实质上是一种个性主义。而中国古代则提倡"人本主义"，它尊重人但并非注重个人价值和个体的自由发展，而是将个体融入群体，强调宗法集体主义，是一种以道德为旨归的道德人权主义。因此，在传统文化中西方更注重个体，张扬个人主义，中国更多地继承了儒家的宗法集体主义，强调以集体、大局为重。纵观中国传统节日活动，大多展现出中华民族强烈的宗族家庭观念和社会群体观念，各节日无不以家族、家庭内部活动为中心。如春节、元宵节、中秋节等节日民俗对阖家团圆主题的凸显，"团圆饭""月饼"等食物名称及食物外形的直接意蕴，以及"每逢佳节倍思亲"等节日理念，都从不同的侧面展现了这一内容。而在西方，节日文化强调个体的心理体验和感受，欢乐往往只跟个人有关。《圣经》中提到：上帝创造了人，并赋予每个人灵魂，个人只对上帝负责，这使得人们产生了强烈的个人存在意识。于是西方的节日文化更侧重于个人与个人之间的关系，个人性格的张扬与个人情感的表达。风靡欧美各国的狂欢节最能淋漓尽致体现这一文化特点。人们身着各式各样衣服，或在身上涂满五彩斑斓的油彩，或者带着形态独特的面具，极力地显示自己的个性，吸引他人的关注。在游行队伍中肆无忌惮地疯狂跳舞、唱歌，充分张扬自我，让自己享受快乐。

通过对中西传统节日文化的对比，可以看到，由于自然环境、社会环境和历史发展的不同，中西方形成了两种不同的节日文化。这两种节日文化都具有鲜明的特色、自成体系的丰富内容以及多姿多彩的表现形式。集中、深刻而全面地体现了中西方民族文化的不同风采和底蕴，负载蕴含了不同的社会历史经验、传统价值观念和深层文化心理，也再次印证了社会存在决定社会意识，社会意识反作用于社会存在这一马克思主义科学论断。

第二节　中西神话故事的异同分析

神话是人类创造的宝贵精神财富，是古代人类智慧的结晶。各个地方都有着自己的神话故事，有着普遍的共性，但是，不同地域的民族文化会造成各自神话具有地方独特的个性。中国神话和古希腊神话代表着东西方不同文化的结晶。从唯物史观角度分析研究二者的异同点，对我们了解东西方文化有着现实的意义。

在《现代汉语词典》中，神话的解释是这样的：

（1）关于神仙或神化的古代英雄的故事，是古代人民对自然现象和社会生活的一种天真的解释和美丽的向往。

（2）指荒唐的无稽之谈。由远古初民创造的，反映人与自然、与社会的幻想性故事。

神话在人类文化史学研究中有着最独特的位置，因为在神话之中蕴藏了历史的真实。同时，作为民间文学的源头之一，神话有力地证明了劳动人民从来就是精神文明的创造者。神话的产生与人民的生活历史有着密切的联系。

神话从本质上说，都是人们借助想象以征服自然力、支配自然力，把自然力加以形象化。通过对比中西方的神话故事，可以发现他们之间存在着有趣的异同。本节中的西方神话主要以古希腊神话为例。

一　中西方神话有着许多的共同点

（一）产生原因

在原始时代，自然条件极度恶劣，原始初民生产方式极其落后，为了维持和延续生命，人们渴望从自然界的诸多不可解释的现象中得到慰藉，因此对自然界的诸多现象和各种生物产生崇拜和幻想，由此产生了神话。无论是古希腊神话还是中国古代神话，都是人们对自然的原始认识，同时，反映了当时的社会生活，在一定程度上是人与自然斗争的真实写照。

（二）关于世界的起源有着相同的认识

在中国神话中，对创世的说法流传最广的当属盘古开天辟地：天地混沌如鸡子，盘古生其中。万八千岁，天地开辟，阳清为天，阴浊为地。盘古在其中，一日九变，神于天，圣于地。天日高一丈，地日厚一丈，盘古日长一丈。如此万八千岁，天数极高，地数极深，盘古极长。后乃有三皇。而按照古希腊人的说法，最初的宇宙是混沌的一片，之后分出天地水，在混沌之中诞生了女神盖亚（大地）、厄洛斯（深渊）和塔尔塔洛斯（地狱），接着在大地底层出现了厄瑞玻斯（黑暗）与倪克斯（夜），两者结合生出"光明"与"白昼"。盖亚又生出了乌拉诺斯（天空）和蓬托斯（海洋）。盖亚与她的儿子乌拉诺斯结合，生下了十二个泰坦巨神（Titans）及三个独眼巨人和三个百臂巨人，这就是世界上所有怪物的始祖。由上可知古希腊和中国的神话都把混沌作为宇宙的初始形态，之后产生了神，神的身体又化为世界万物。

（三）都表达了人们的各种美好愿望

（1）反映了人类的英雄气概和征服自然的强烈愿望：中国神话中此类代表有燧人氏的钻木取火，伏羲氏的创造发明，后羿射日和夸父追日。希腊神话中有普罗米修斯盗神火，传授技艺给人类，以及赫拉克罗斯的十二功绩。

（2）反映了人们对爱情的美好愿望：如牛郎织女、天仙配、宙斯与欧罗巴等。

（四）希腊神话和中国神话都表现了原始社会的生活状况

盖亚和女娲在人的诞生中都起了决定性的作用，体现了原始社会早期的母系氏族社会。

二 中西方神话也存在着许多的不同

（一）流传、发扬情况不同

中国神话的保存和流传一般采用文字形式，没有过多地发扬光大，而是短小、零散、不成体系地散见于一般文章中，在《山海经》《淮南子》等古籍中零散地有所保留。

相比之下希腊神话更加完整丰富。希腊神话大部分由民间传唱延续，后来又经过诗人和戏剧家加工创作，在此过程中被加入大量的个人想象并润色，故事情节和内容得到丰富，多为长篇大论。以荷马史诗为例，包括《伊利亚特》和《奥德赛》，共 279298 行，几乎汇集了特洛伊战争的所有英雄传说。同时，希腊神话还有一套严密的体系，即"俄林波斯神系"，在这个神系中，诸神各有其位、各司其职，分工明确。

（二）神话中的人物形象不同

中国神话为人神同一，而古希腊神话是人神同构。中国神话中人物形象大多是"半人半兽"：伏羲女娲是人面蛇身，蚩尤是人身牛蹄，四目六手，盘古是狗首人身……在中国的很多经史典籍中，中国上古的主要大神们，诸如伏羲、女娲、炎帝、黄帝、尧、舜、禹等，都是崇高和圣洁的。他们不苟言笑，从不戏谑人类，更不会嫉妒和残害人类。在个人的私生活上，他们从来都是十分规矩的，十分注重品行和德操的修养，并且尊贤重能。

而希腊神话中的神好嫉妒，虚荣心强，风流倜傥。我们可以从古希腊戏剧中看到，古希腊神话中的神和人一样有七情六欲。比如宙斯，他是克洛诺斯之子、万神之王、主管天空，希腊神话中的至高神，掌握雷电，所以又被称为雷神。在母亲蕾亚的支持下，杀了父亲克洛诺斯，成为了第三代神王。他的性格极为好色，常背着妻子赫拉与其他女神和凡人私通，私生子无数。

（三）中西神话中神与人关系不同

中国古代神话反映了厚生爱民的精神，对百姓民众生命的尊重和爱护，贯穿中国神话始终，比如大禹治水，后羿射日。而希腊人对神的态度则类似于乡民对待富绅，当面赞美奉承，却又在神的背后编造不计其数的故事，将神描绘成掠夺成性，好争吵、吝啬、嫉妒，且对人类极少关心的形象。

（四）中西神话中神的等级秩序不同

中国神话中神被尊卑排序，以血缘关系为基础，具有森严的等级制度，强调绝对服从。而希腊神话中，神虽然也有等级制度，但相较于中国神话，更为民主。神之间会有利益冲突和斗争，且注重个体的独立。

三　产生异同的原因分析

马克思主义唯物史观认为，社会存在决定社会意识。中西方神话的异同，究其原因，是因为中西方社会存在着不同程度的异同。

（一）产生相同因素的原因分析

首先，原始社会生产力低下，人们对于自然的认识还处在一个很原始的阶段。神话是人们通过幻想用一种不自觉的艺术方式加工过的自然和社会形式本身，是人们对自然的原始认识。这在中西方都是一样的，因此中西方神话有着相同的起源，对世界的起源有着相同的认识。

与此同时，原始的宗教信仰，都曾给予原始先民必不可少的希望和精神力量，帮助他们战胜当时恶劣的生存环境，不断追求、不断进步，所以中西方神话都体现了人们的美好愿望。这也说明，社会意识具有相对独立性，能反作用于社会存在。

另外，由于原始社会生产力低下，对于劳动力有着极大需求，担任繁殖任务的女性地位极高，最终形成母系氏族，女娲和大地女神盖亚都是母系氏族的反映。

（二）产生不同因素的原因分析

中西方神话之间存在着许多的不同，也是因为中西方社会存在的不同。按照生成的地域划分，中华文明属于典型的大陆文明。大陆文明生成空间为陆地，具有一定的稳定性，文化的发展相较于海洋文明起步更早，发展更快。中国古代文明发展快，文字成熟较早，在春秋战国时期，文字的主要作用并不是用来记载神话，而是记录诸子百家的哲学思想，并成为表达他们政治理念的工具。我们的祖先在此时已经开始致力于发展现实理想，对于神的不切实际的幻想基本破灭。因此，神话并没有过多地发扬光大，而是散见于一些古籍之中。而对于自然力量的原始崇拜，使得先民们对神的形象赋予了"半人半兽"想象，使得神成为了人与有改造自然能力的动物的结合体，具有强大的力量。

同时，大陆文明因受山岭江河阻隔而造成狭隘性和封闭性，因对土地的私人占有而产生封疆和世袭观念。中国神话中，神便是"得道"的人。死后的伟大君王就成了神。所以中国神话中的神不同于一般的人，不食人间烟火，品行检点，注重德操修养，尊贤重能，充满了神圣的光环、纯洁的品行和高尚的情操，使得人们顶礼膜拜，毕恭毕敬。也因为先民将神与君王看成一体，中国古代神话中体现了人民对于君王的期许——厚生爱民。

在中国的农业文明发展中，因为土地占有面积的大小与山岳的高低形成等级制度，这在中国古代神话中也得以体现——中国神话中的神以血缘排序，排定尊卑，等级森严，强调绝对服从。

希腊文明是典型的海洋文明，这是一种不断从异质文化汲取营养的文明。经济上依赖对外贸易，发展海外市场，开拓海外殖民地。人口流动上不断吸收外来人口的同时也在不断向外殖民，人口的流动促进了文化和思想的开放。因此，希腊神话是经由民间唱诗歌手传承和诗人戏剧家再加工创作的最后成果，故事情节充实、内容丰富。

海洋文明的另外一个特点便是它的进取精神和创新精神。人从陆地进入海洋是一种挑战，征服海洋更会培养和激发人的创新和进取精神。因此，古希腊人较少有思想上和精神上的束缚，这在希腊神话中有着明显的体现。希腊人眼中没有谁具有至高无上的权威，即便是神也如此。古希腊神话中的神充满了人的性格特点，随性自由，神通过自己的作为而不是地位受到颂扬。从另一方面来说，在古希腊神话中，人对于神也并没有绝对敬畏，会有个人的喜恶。

海洋文明的第三个特点是它文化的多元性。由于海洋的分隔，希腊文化的各个实体保持了它的多样性，又由于海洋的保护使得每一个城邦保持自己文化特点的同时，可以有选择地吸收他人的优点。因此，古希腊的城邦各具特点和创造性，政治上十分民主，这对神话有着强烈影响。希腊神话中的神虽然也有等级制度，但相较于中国神话中的等级森严，显得更民主。神之间会有冲突和利益的争取，神们也注意个体的独立，注重私生活，不相互干涉。

总的说来，中西方神话都是人民伟大智慧的结晶，是人们创造的伟大精神财富。神话、种族和文化都没有优劣之分。从马克思主义唯物史观的角度去分析中西方文化的不同，使得我们可以透过现象探寻本质，揭示神话形成和发展的深层原因，对先民们描绘的神圣世界给予更内在、更精确的理解和阐发，进而对中西方文化存在的异同和本质有了深刻的理解和认识。这是极有意义的。

第三节　中西饮酒文化的差异及分析

酒作为东西方宴会上不可缺少的一部分，历史悠长。全世界任何一个地方，都有酒的存在，它在政治、经济、艺术、饮食等方面都发挥了重要的作用。酒，不仅仅是一种物质存在，也渐渐发展为一种文化象征。在生产力的推动下，伴随着人类文明的发展，各国人民逐渐形成了自己别具一格的文化——酒文化。广义的酒文化蕴涵丰富、自成体系。包括了几千年来不断改进和提高的酿酒技术、工艺水平、酒俗酒礼、形形色色的饮酒器，以及文人墨客所创作的与酒相关的诗文、词曲，等等；而狭义的酒文化则是一般消费者心目中的酒文化，多指饮酒的礼节、风俗、逸闻、趣事等。酒作为文化的一种载体，与文化一样，由于历史背景、生活环境、宗教信仰、风俗习惯和思维模式等的不同，在中西方呈现出其风格迥异、异彩纷呈的民族特性。本节将用唯物史观的角度，从酿酒材料、酒的容器、饮酒礼仪三个方面来探讨中西方酒文化的差异。

一　酿酒材料

中国自古是一个农业大国，农业一直扮演着生产的主角，中华文明的发展也根植于农业的发展。中国五千多年的历史，就有四千多年的酒文化。一个地区的土壤、水质、气候决定了本地区的农产品的种类和数量。中国的酒，绝大多数都是以粮食为原材料的。酒紧密依附于农业，是农业经济的重要部分。例如国酒茅台就是以当地特有的红缨子高粱为原料，而五粮液光从其名字就能知道它是以五种粮食为原料制成的，分别是高粱、大米、糯米、小麦、玉米。还有我们寻常人家自己酿制的米酒，都是以粮食为原料制成的。

西方文明源于地中海，地中海气候冬季温和多雨，有利于果树过冬，不至于冻死；夏季高温少雨，日照充足，有利于糖分的积累，非常适宜葡萄的生长。因此，位于地中海沿岸的意大利及其周边地区的法国、德国成为世界上的葡萄酒工业大国，同时德国因地处中欧地区成为啤酒之国。德国啤酒中很重要的原料来源之一黑麦，可在黏质和沙质土壤里生长，不但抗寒能力强，而且在极冷或极湿的环境下，反而能够产量激增，所以特别适合德国某些地区，尤其是起伏不平的地形中生长。西方酒文化也因此成为了葡萄酒、啤酒文化。

作为生产力要素之一，地理环境首先对人类社会的物质生产活动产生直接的影响，并进一步通过物质生产活动间接地影响人类生活的其他方面。地理环境直接造成了中西酒的种类差异，在中西酒文化的发展中起着十分重要的作用。

二　酒的容器

"非酒器无以饮酒，饮酒之器大小有度"，中国的酒文化源远流长，最能体现酒文化发展的，当属酒器。唯物史观认为物质生活的生产方式决定社会生活、政治生活和精神生活的一般过程。伴随着生产力的发展，酒器的演变发展经历了从兽角到陶器，到现在的玻璃、瓷器，中间经历了几千年的历史。酒器的发展和社会生产力的发展是密不可分的，在不同的历史时期，酒器的生产技术、材料及外形可以反映出当时一个国家的经济及文化发展水平。中国人历来就十分重视酒器的使用，"就其用途而言，可分为贮酒器、盛酒器、卖酒器和饮酒器四大类"。在远古时代，由于生产力发展水平比较低，人们所用来饮酒的器具主要是一些天然的材料，并非特制而成，比如兽角、葫芦等。随着生产力的不断提高及酿酒业的逐步发展，酒器的材料和种类也繁多起来，像陶制酒器、青铜制酒器、漆制酒器、玉制酒器以及后来的金银酒器、玻璃酒器和不锈钢酒器等，每一种酒器都有其不同的类型，比如青铜制酒器中就有尊、壶、皿、鉴、瓿等。有些酒器甚至是不同的动物形状，像羊、虎、牛、兔等；也有些酒器上绘有人物、山水、故事等，其种类繁多，造型各异，让人眼花缭乱。

进入 20 世纪后，由于酿酒工业发展迅速，留传数千年的自酿自用的方式正逐渐淘汰。瓶装酒在较短时期内就得以普及，故百姓家庭以往常用的贮酒器、盛酒器随之而消失。

西方的酒器虽然没有中国酒器的历史长，但也有其独具的特色。西方人讲究不同的酒要用不同的酒杯，多是玻璃制品。一个好的酒杯的设计需涵盖三个方面。首先，杯子的清澈度及厚度对品酒时视觉的感觉极为重要；其次，杯子的大小及形状会决定酒香味的强度及复杂度；最后，杯口的形状决定了酒入口时与味蕾的第一接触点，从而影响了对酒的组成要素（如果味、单宁、酸度及酒精度）的各种不同感觉。酒杯的形状可以决定酒的流向和酒香味的品尝强度，酒杯的造型、容量、杯口的直径、杯缘吹制的处理以及水晶的厚度，决定了酒入口时的最先接触点。当把酒杯推向嘴唇时，味蕾开始全面警戒，当酒的流向被引导至适当的味觉感应区时，也产生了各种不同的味觉。而当舌头开始与酒接触时，立即会有三种信息被释放出来，那就是：温度、质感及酒的风味。

随着当代中西方文化的不断交流，中西方开始互相接受对方的酒器，玻璃酒器在很多中国家庭里也可以看到。

三　酒的礼仪

历史唯物主义认为社会存在决定社会意识，社会意识则反作用于社会存在。中西方的饮酒礼仪在中西不同的文化氛围中体现出了明显的差异。中国自古以来是礼仪之邦，深受传统儒教文化所影响，儒家讲究"礼"，自然饮酒也就有了其必须遵守的礼仪。

古代饮酒的礼仪约有四步：拜、祭、啐、卒爵。就是先作出拜的动作，表示敬意，接着把酒倒出一点在地上祭谢大地生养之德；然后尝尝酒味，并加以赞扬令主人高兴；最后仰杯而尽。可见，人们自古就对酒礼有着详细的规定。到西周，对酒礼的规定已经非常严格和具体了，讲究时、序、数、令。时，即必须严格掌握饮酒的时间，只有天子、诸侯加冕、婚丧、祭祀或其他喜庆大典时才可饮酒；序，即必须严格遵守等级次序，按天、地、鬼（祖）、神、长、幼、尊、卑的次序来饮酒；数，即严格控制饮酒的数量，每饮不超过三爵；令，即必须服从酒官的指挥。对宴会上按长、幼、尊、卑的不同，坐什么位置，使用什么酒杯，谁给谁敬酒，怎样敬酒，等等，都有十分详尽的规定。

在当时的社会结构下，由于生产力发展水平的束缚，人们饮酒时首先应祭拜天地，由此可以看出当时人们对于自然的敬畏，以农业为主的经济模式就必须依靠天地来生活。而西周时的酒礼也反映出封建社会的社会阶级结构，只有在特定的场合、特定的阶级才能饮酒。现今，伴随着生产力的发展，社会阶级和结构也和古代大不一样了，消灭了剥削社会后，人们更加平等，饮酒的礼仪也发展得更加宽泛、灵活。但饮酒礼仪中表达尊重人的礼仪还是得到了沿袭。

谁是主人，谁是客人，都有固定的座位，都有固定的敬酒次序。敬酒一般选择在主菜吃完甜菜未上之间，敬酒时将杯子高举齐眼，并注视对方，且最少要喝一口酒，以示敬意；敬酒时要从主人开始，主人不敬完，别人是没有资格敬的，如果乱了顺序是要受罚的。敬酒一定是从最尊贵的客人开始，敬酒时酒要满，表示对被敬酒者的尊重，晚辈对长辈、下级对上级敬酒要主动，讲究的是先干为敬，而行酒令划拳等饮酒礼仪，也是为了让饮酒者更尽兴。显然，中国酒文化深受中国尊卑长幼传统伦理文化的影响，在饮酒过程中把对饮酒者的尊重摆在最重要的位置。

而西方人饮酒是注重喝什么酒，如何才能尽情地享受酒的美味，所以西方的饮酒礼仪体现的是对酒的尊重。对于各式酒杯的选用，也充分体现出对酒的尊重。饮用葡萄酒要观其色、闻其香、品其味，调动各种感官享受美酒。在品饮顺序上，讲究先喝白葡萄酒后喝红葡萄酒，先品较淡的酒再品浓郁的酒，先饮短年份的酒再饮长年份的酒，按照味觉规律的变化，逐渐深入地享受酒中风味的变化。西方人希望调用各种感官来享受酒的无限风情。

在西方国家，上酒有一定的顺序，依次是：开胃酒、主菜佐酒、甜点酒和餐后酒。此外，在酒宴上，喝酒的气氛比较缓和，从不猜拳，高声叫喊；斟酒提倡至酒杯的三分之二即可；在酒桌上很少见到互相敬酒，都是各喝各的，只有在特定的场合或者特定的原因，大家才会一同举杯。敬酒选择在主菜之后，甜菜之前，提议举杯的人用刀具轻轻碰下酒杯，示意大家安静倾听他的致辞，致辞后大家一同举杯，喝多少很随意，不会要求一饮而尽。

西方社会没有经历漫长的封建社会，更加强调人生来平等、自由的思想。个人主义体现在生活的方方面面，人们更注重个人生活的品质和享受，强调尊重个人意愿和隐私。加之早期西方社会属于宗教社会，宗教思想潜移默化地影响西方人生活的方方面面。

《圣经》中记载，耶稣在最后的晚餐中把葡萄酒递给门徒时说："你们都喝这个，因为这是我立约的血，为多人流出来，使罪得赦。"在这里，葡萄酒是生命的一部分，象征上帝的教义，是耶稣救世精神的化身。喝酒即象征着接受并吸纳了上帝的教诲。因此，英语里的"酒"（wine）

含有丰富的宗教意义。基督教把红葡萄酒视为"圣血",不但圣餐中(Lord's Supper)包含面包和葡萄酒,而且每次弥撒的时候都要饮用。因此,种植葡萄并且酿造美酒也成了修道院的一项重要任务,许多著名的葡萄酒都可以在中世纪的修道院里找到源头。由此可见,西方人对于酒的尊重也是在其特定的历史背景、宗教形式、社会结构、生产力水平的影响下形成的。

小结

唯物史观认为生产力决定生产关系,社会存在决定社会意识,社会意识则反作用于社会存在。马克思在《哥达纲领批判》中指出,单有劳动还不能创造财富,只有劳动和自然界一起才是一切财富的源泉。它在一定程度上影响生产的发展,从而影响社会的发展。地理环境能够影响产业部门的分布和发展方向,决定了中西方酿酒材料的差异,也就衍生出不同的酒的偏好,酒文化也有了差异。而伴随着不同的生产力水平,经济基础的差异,产生不同的社会阶级和结构,反映在中西酒文化中,体现在不同的酒器和饮酒礼仪上。中西酒文化的差异源远流长,自有人类始、自人类酿酒始它们的差异就已经注定存在。用唯物史观来看中西酒文化的差异,有利于促进东西方的文化交流和融合。

第四节 中西"狗"意象的差异和分析

随着经济全球化的发展,世界各地的文化交流也越来越广泛,跨文化的交流在今日也成为潮流。通过交流,越来越多的人也逐渐意识到语言的文化差异和重要性。语言是文化的一部分,是人们传递思想、进行交流的重要文化载体。中西方都有悠久的历史和文化遗产,但是不同的民族、不同的国家,因地理位置、历史因素、传统文化的不同,对同一种事物的看法也会有不同。对于"狗"这个最普通不过的一个词语,在中国人和西方人的眼中也大相径庭。

狗是人们所熟悉的一种动物,随着近几年宠物狗在中国某些大城市的兴起,宠物狗频繁地出现在公众的视野中,养狗也成为某些家庭生活的一部分。反观西方,养狗之风更甚,虽然中西方对狗的态度越来越趋近，但是从历史的发展长河来看，中西方存在明显的差异。

一　差异表现之种种

（一）狗在中国的地位

在中国的历史上，狗的地位是低贱的，社会作用也比较小。在封建社会，社会等级严重，连祭祀所使用的贡品也有等级划分。天子祭祀可以杀牛、羊、猪，诸侯国祭祀可以杀羊和猪，士大夫只能杀猪，而平民百姓除了杀鸡以外，就只能杀狗。可见在古代，狗的地位是很低的，基本上只是处于替代品的地位。由此可以看出，在具体文化表现上，狗主要也是消极、低级等意思。

第一，被比作狗的人，大多是品格、性情等恶劣的人。如很多带有"狗"的词：狗腿子、狗崽子、走狗、丧家犬、狗杂种、狗汉奸、落水狗、狗头军师等都是被用来比作那种被人们所鄙视、所唾弃、无耻、卑贱、干着见不得人的勾当的小人。

第二，大多含有"狗"的词语和谚语都含有贬义。如汉语中只要涉及有关"狗"的成语，如：狐朋狗友（泛指一些吃喝玩乐、不务正业的朋友）、狗急跳墙（比喻走投无路时不顾一切地采取极端的行动）、人模狗样（身份是人，举止形态却像狗，多用于嘲讽）、狗尾续貂（比喻拿不好的东西补接在好的东西后面，前后两部分非常不相称，多指文学作品）、狗屁不通、狼心狗肺、鸡犬不宁、鸡犬升天、狗仗人势、狗血喷头、蝇营狗苟等，都是贬义的；同样，汉语中含有"狗"的谚语，如：狗拿耗子——多管闲事、狗咬吕洞宾——不识好人心、狗嘴吐不出象牙、狗眼看人低、好狗不挡路、狗改不了吃屎等，也统统有贬义的内涵。

第三，大多带有犬字旁的字都含有贬义。汉语中有很多字都带有"犬"字旁，而带"犬"字的往往都是贬义的。如：犯、狂、猥、猖獗、狰狞等。这些文字的创造，无不渗透了汉语文化千百年来人们对狗的鄙视。

第四，人们养狗的方式，也反映了狗地位的卑微。在中国人眼里，狗是用来看门的，所以有"看门狗"一词，吃的是残羹冷饭，主人对狗可以随意打骂，甚至可以宰杀。即使狗被宰后成了饭桌上的佳肴，也难逃被轻视的命运，因为人们认为"狗肉上不了宴席"。

（二）狗在西方的地位

反观西方世界，享有"Man's best friend"（人类最好的朋友）的狗，在西方具体文化表现中也大多数凸显了其较高的地位。

第一，用"dog"来形容人，常常表示对一些人的赞扬、信任，这在汉语中是从未出现的。如a lucky dog（幸运儿）、a big dog（大款，保镖等）、a top dog（一个身居要职的人）。

第二，一些含有"dog"的短语也有褒义的内涵。如die dog for somebody（敢为知己者死，尽犬马之劳）、love me, love my dog（爱屋及乌）、a living dog is better than a dead dog（好死不如赖活着）、work like a dog（勤奋工作）。

第三，"dog"一词还有一些表示"中性"的用法。在英语国家中有些与"dog"相关的词语、短语的用法虽然不是褒义的，但是表示中性。如：a dump dog（一个沉默寡言的人）、dog–tired（疲倦之极）、be dog at（对什么很有经验，很老道）、fight dog, fight bear（一决雌雄）、dog days（三伏天）、dog fall（平局）、rain cats and dogs（下倾盆大雨）。

再比如，在看到"homeless dog"这个短语的时候，中国人往往会理解为"丧家之犬"的意思，含有贬义，而实际上在英语中它是指无家可归的人，含有同情的意思而并非贬义。

第四，在西方，人们豢养狗的方式也与中国大相径庭。在一些英美国家，人绝不让狗吃人剩下的残羹冷炙，狗有专门的狗食。在超市，狗食堂而皇之地与人的食品放在一起销售，还有一些专门为狗提供服务的设施和商店，如：狗食店、狗餐厅、狗医院、狗旅社等。另外，还有专门为狗树碑立传、歌功颂德的。因此，狗成了他们的朋友，受到与人平等的尊重。在德国，其《民法典》在1990年经过修改，其中在题为"物和动物"下的第90条规定：动物不是物。动物得到特别法律的保护……动物不再是以往法律界定的物，而是在人和物之后的第三类法律实体，是一种特殊的法律实体。1999年，欧盟各国终于通过了《动物保护和动物福利附加议定书》，附加于《欧盟条约》。

通过上述两个方面的比较，我们可以看出中西方在对待"狗"这方面是存在相当大的差异。无论是从大的方面，如态度、文化，还是从小的方面，如相关法律措施来看，中国在这方面需要向西方借鉴某些积极的因素。当然近年来，狗在中国的地位也得到了很大的提高，越来越多的人开始重视与狗培养感情，反对吃狗肉等习俗。

二 差异原因

至于造成上述这些差异的原因，历史唯物主义认为，生产力决定生产关系，经济基础决定上层建筑，物质生活的生产方式决定社会生活和精神生活的一般过程。地理环境和自然因素也对社会发展具有一定的影响作用。一方面，东方的文明是以华夏文明为代表的，而华夏文明起源于黄河流域，以农业文化为核心。在农业社会中，狗的作用相对比较小，除了看家外，就只能提供肉食了。但即便是提供肉食，其地位也远远比不上猪、牛、羊，且口味较差，又因其性温热，吃多了极易上火。尽管在国内少数地方有吃狗肉的习惯，但并不具有普遍意义。其次，中国人一贯重视和谐，强调人与人之间的和睦相处，不需要从狗身上寻求心理安全感，因而对狗也就嗤之以鼻、不屑一顾。

西方历史比华夏文明要短得多，但总体来说，西方文化主要以欧洲文化为代表，而欧洲文明中，最早以渔猎和畜牧文化为主，这主要是由于当地的气候环境等因素造成的。在以渔猎畜牧为主的背景下，牛和羊成了主要的肉食提供者，而狗却成了重要的劳动和生产工具。除此以外，西方社会竞争激烈，家庭观念淡薄，从人群里得到的心理安全感比中国人少很多，他们想把这种损失在宠物狗身上得到一定的补偿，因此在西方，经常可以看到人们带着狗在公园散步等情景。

另外，西方之所以如此重视狗的另一个原因，是受宗教的影响。《圣经》中记载，上帝在造人类之前就创造出了狗这种最忠诚、最可靠的动物。由于在西方，宗教在很长的一段历史时期中的教化作用和政治统治地位，影响到民众对狗也怀有亲密的感情。这一点可以看作是上层建筑对社会生活和精神生活的反作用影响。

小结

综上所述，由于中西方物质生活的生产方式不同，自然条件和地理因素不同，生产力发展水平不同，生活背景、历史发展源头等也存在差异，导致了狗文化在不同地域之间形成的差异。通过此项研究，也可以了解中西方的相关文化差异，从而对其有一定的了解。我们在学习语言的过程中，也要注意相关的文化差异，只有这样，在跨文化交流中，才能更好地发挥自己的才能。

参考文献

徐行言主编：《中西文化比较》，北京大学出版社 2004 年版。

辜正坤：《中西文化比较概论》，北京大学出版社 2007 年版。

李信：《中西方文化比较概论》，航空工业出版社 2003 年版。

赵林：《西方文化概论》，高等教育出版社 2004 年版。

范明生、陈超南主编：《东西方文化比较研究》，上海教育出版社 2006 年版。

李天佑：《古代希腊史》，兰州大学出版社 1991 年版。

董广杰等：《魅力与魔力——中西文化透视》，中国纺织出版社 1999 年版。

魏光奇：《天人之际：中西文化观念比较》，首都师范大学出版社 2000 年版。

刘红星：《先秦与古希腊——中西文化之源》，上海古籍出版社 1999 年版。

李昌军：《中西伦理思想比较》，吉林人民出版社 2005 年版。

何云波、彭亚静主编：《中西文化导论》，中国铁道出版社 2000 年版。